# 新农村规划与建设读本

主编　阮　铮
参编　张素敏　刘新环
　　　高维维　杨　艳

黄河水利出版社
·郑州·

**图书在版编目(CIP)数据**

新农村规划与建设读本/阮铮主编. —郑州:黄河
水利出版社,2012.4
ISBN 978 - 7 - 5509 - 0200 - 8

Ⅰ.①新… Ⅱ.①阮… Ⅲ.①乡村规划 - 研究 -
中国 ②农村住宅 - 建筑设计 - 中国 Ⅳ.①TU982.29
②TU241.4

中国版本图书馆 CIP 数据核字(2012)第 010612 号

---

出 版 社:黄河水利出版社
       地址:河南省郑州市顺河路黄委会综合楼 14 层   邮政编码:450003
发行单位:黄河水利出版社
       发行部电话:0371 -66026940、66020550、66028024、66022620(传真)
       E-mail:hhslcbs@126.com
承印单位:郑州海华印务有限公司
开本:850 mm×1 168 mm   1/32
印张:5.125
字数:136 千字          印数:1—4 000
版次:2012 年 4 月第 1 版       印次:2012 年 4 月第 1 次印刷

---

定价:24.00 元

# 前　言

　　《中共中央关于制定国民经济和社会发展第十二个五年规划的建议》提出了统筹城乡发展,积极稳妥推进城镇化,加快推进社会主义新农村建设,促进区域良性互动、协调发展,推进农业现代化,夯实农业农村发展基础,提高农业现代化水平和农民生活水平,建设农民幸福生活的美好家园的重大历史任务。

　　为切实提高农村规划实施成效,推进农村土地的流转,提高农村住宅的建设水平和建筑工程质量,促进农村环境的协调可持续发展,普及农村规划建设的相关知识,改善农村人居环境状况,切实提高农村的经济发展水平,我们在深入了解农村发展现状的基础上,有针对性地编制了《新农村规划与建设读本》一书。主要目的是帮助基层政府和广大农民在新农村建设过程中,能够按照国家和地方的法律、法规、标准、规范,规划好村庄的明天,建设好既坚固、实用又环保节能的形式优美的新型农村住宅。

　　全书共分为新农村规划、村庄用地规划、农村道路交通规划、村庄绿地景观系统规划、空心村的改造、新农村住宅建设、村庄市政设施规划、村庄环境保护规划、村庄的抗震与防灾规划、村庄规划建设管理等十个部分,系统全面地介绍了村庄规划建设中应注意的问题,并在相关章节附有图纸,直接指导村民建造施工之用,同时又结合受众的知识结构,做到理论联系实际,切实保证本书既不乏专业性又通俗易懂。

　　本书编写人员及编写分工如下:第二章、第五章、第十章由阮铮编写,第一章、第九章由刘新环编写,第三章、第六章由高维维编写,第四章由杨艳编写,第七章、第八章由张素敏编写。

本书在编写过程中,王晓改、刘小波、阮孝飞、齐占浩、曹高宇、姬星星、李龙、刘晓辉提供了相关资料,在此一并表示感谢。

　　本书实用性和可操作性较强,可作为乡镇建筑规划管理部门指导农村规划建设的辅导材料,也可作为农民书屋进行村庄规划建设相关理论普及的实用教材。

**作　者**

2011 年 12 月

# 目　录

前　言

第一章　新农村规划 ……………………………………（1）

第二章　村庄用地规划 …………………………………（20）

第三章　农村道路交通规划 ……………………………（33）

第四章　村庄绿地景观系统规划 ………………………（48）

第五章　空心村的改造 …………………………………（67）

第六章　新农村住宅建设 ………………………………（82）

第七章　村庄市政设施规划 ……………………………（107）

第八章　村庄环境保护规划 ……………………………（124）

第九章　村庄的抗震与防灾规划 ………………………（131）

第十章　村庄规划建设管理 ……………………………（145）

参考文献 …………………………………………………（155）

# 第一章 新农村规划

## 我国新农村建设的基本情况

### 一、我国新农村建设取得的主要成就

（1）农业产业化进程有新的突破，农民收入明显增加。各乡镇把生产发展作为新农村建设的首要任务，积极调整农业结构，大力发展产业化经营，农村经济保持了加快发展的势头。

（2）农村基础设施建设有新的加强，农村面貌明显改变。为了改善农村生产生活条件，切实加强了农田水利、农村安全饮水、农村公路、农网改造、农村能源沼气等项目建设。

（3）农村社会事业有新的发展，农民生活水平明显改善。坚持经济与社会事业协调发展，重点抓了农村中小学危房改造、寄宿制学校、农村乡镇卫生院、农村合作医疗制度建设。

（4）农村乡风文明建设有新的亮点，农民文明意识明显增强。

（5）新农村示范村建设有新的进展，辐射带动作用明显增强。

### 二、我国新农村建设存在的问题

**（一）农民整体素质不高，培训工作亟待加强**

当前绝大多数农民素质不容乐观，文化水平不高，思想保守落后，小农意识根深蒂固，法制观念淡薄，道德素质差，缺乏诚信意识，社会责任感不强，文盲、科盲、法盲的比例还非常大。

**（二）农民整体收入偏低，农村基础设施相对落后**

调查显示，我国相当多地方的农民整体收入偏低，农村基础设施

相对落后,城乡二元化发展趋势日趋明显,城乡差距日渐拉大。农村基础设施相对落后的主要表现为:

(1)公益事业发展难。由于多年来对农村基础设施建设投入"欠账"太多,农村基础设施非常薄弱,老百姓吃水难、看病难、上学难、行路难的问题依然不同程度地存在。全面取消农业税以后,国家对农村基础设施的投入都是补助性的,投入非常有限,老百姓的义务意识和集体观念越来越淡化。农村的一些公益性基础设施建设的维修和新建很难组织发动。

(2)村容村貌改善难。受经济发展和传统观念的制约,农村村庄就像撒播的庄稼,分布散乱,七零八落,镇村建设缺乏科学系统的规划,布局不合理,设施不配套,农村"露天厕、泥水路、压水井、鸡鸭院"的现象相当普遍,尤其是贫困山区,农户居住十分零散,住房十分简陋,长期烟薰火燎,人畜混居。针对集并村庄、完善设施、彻底改变农村脏乱差的问题,资金难筹,工作难做。

(3)农业基础设施年久失修,配套设施不全,抗御自然灾害的能力薄弱。同时,由于部分农村大兴小水电站建设,不仅使农村生态遭受巨大破坏,而且直接影响了下游的农田灌溉和农民饮用水的水源。

**(三)农业投入缺乏保障,投入不足制约农村发展**

农业投入不足的问题,依然是新农村建设的一个很大的制约因素。一是一些农业项目难以立项。目前,资金投入以项目为主,内地县市尤其是贫困山区在争取项目上缺乏优势。二是农村"贷款难"的问题比较突出。三是相当多地方财政困难,投入能力十分有限。四是农民自身投入能力有限。农民收入偏低,自身积累主要用于住房改造和子女教育、婚嫁,真正用于农业投入的资金不多。

**(四)基层党员干部素质欠缺,难以发挥示范带头作用**

基层党员干部是新农村建设的组织者、推动者和实践者,当前在群众素质和组织化程度不高的情况下,很多工作需要他们去引导。但是,目前一些基层党员干部(包括一些乡镇干部),由于缺乏培训"充电"等种种原因,自身的能力素质与新农村建设形势和任务要求不相适应,发挥不了推动工作、指导实践、带领群众共同致富的示范带头作用。

**（五）建设规划存在不足,必须加以科学完善**

目前,我国大部分地区的新农村建设尚在规划和初步实施之中,但不少地方的建设规划存在着以下不足:

（1）绿色与环保在规划中缺位。在不少农村,新村建设往往是新农村建设的重点之一,但大多空有美观的外表,新村的内核缺少绿色和环保的理念,缺少生活污水和粪便污水的处理设备与设施,一些新村建设点的房屋外观美丽,屋后却污水横流,不忍目睹。绿色、生态、环保原本就是新农村最大的资本,但不少新农村规划中最缺少的就是农村适用的廉价和环保的污水处理设施与设计方案,并未考虑将污水处理洁净才予回归自然,没有考虑将生活污水、家庭养殖业的排泄物和污水的处理列入规划部门的设计范畴,不能不说是一个十分明显的缺憾。

（2）乱占耕地和轮番拆建现象有所抬头。近年来,各地由于农村经济的发展,加上监管不力和缺乏有效的打击手段等,一些富裕起来的农民不经批准就直接占用耕地、农保田盖房,个别村干部甚至公开在农保田挖坑取土、开采矿藏,一些农民借用建烤烟房的名义直接占用耕地变相盖房的趋势已经有所抬头。目前,中央出台了建设新农村的好政策,但一些农民错误地认为,现在可以在过去禁止占用的耕地、农保田上盖房了;一些农民未经审批直接在原宅基地上拆旧建新;个别干部更是不顾人文景观与历史遗址的保护,一味追求建设速度。这些均与中央倡导的新农村建设要做到"既不是大拆大建,也不是在建设中破坏,在破坏中建设,更不是简单的拆旧建新,原有的人文景观和历史遗迹要注意保护和保留"的精神是相悖的。

（3）规划中节能与节约意识缺失,资源浪费严重;不少地震带上的居民点缺少抗震设计。在相当多地方的新农村建设规划中,缺乏节水、节电、节能、节地等节约资源方面的总体规划和方案设计。而当前,全球的能源危机已经给我国快速发展的经济敲响了警钟,农村的新建房屋中保温和隔热性能的设计方面大多没有太大的改进,大多沿用城市建设的图纸和样式,还停留在关注户型格局合理、外观美丽等方面,对节能、节水、节电、节地等方面的节约设计基本上是一片空白。我国的农村人口占有全国总人口的四分之三强,如果新农村的建设再走高能耗的老路,即便是农民短时间内有能力消费,我们国家有限的资源也承担不了高能耗消费之重负。

(4)农村产业经济发展规划可操作性不足,前瞻性不足。目前各村庄新农村建设规划中的产业规划基本上是由乡镇的挂村干部参照某个示范村"依葫芦画瓢"或"闭门造车"的,不少农村的产业规划缺少切实可行的产业发展规划。其显著特点是可操作性不足,前瞻性不足。究其原因,这些规划中的大多数方案是由基层干部根据自己的责任心和自己所掌握的乡情而编写的,并没有充分发挥和利用当地的地理、气候、人力、地力等资源条件,产业规划没能结合当地现有和潜在的资源优势,且往往缺乏农民朋友群体的参与,缺少上级行业专家的指导,因而产业发展规划大多显得乡情有余,前瞻性不足,纸上谈兵的多,可操作性不强。

## 三、新农村建设的主要任务及保障措施

### (一)新农村建设的主要任务

按照党的十六届五中全会提出的"生产发展、生活宽裕、乡风文明、村容整洁、管理民主"的总体要求,以及党的十七届三中全会对社会主义新农村建设本身以及新农村建设的环境、背景的深刻分析,党的十七届三中全会对今后一段时间农村的改革发展提出了明确要求,概括起来有三点:一是把社会主义新农村建设作为战略任务;二是把走中国特色农业现代化道路作为基本方向;三是把形成城乡经济社会发展一体化新格局作为根本要求,扎实推进社会主义新农村建设。总体来讲,社会主义新农村建设的主要任务有如下几个方面:

(1)围绕生产发展,推进现代农业建设,积极调整农业和农村经济结构,构建经济发展新格局,推进现代农业建设,基本实现传统农

业向现代农业的转变。强化农业基础设施建设,稳定提高粮食综合生产能力,积极发展现代畜牧业,加快优质畜产品生产与加工基地建设步伐。发展标准化农业,提高农业机械化水平,大力发展农业产业化经营,发展循环农业,推广秸秆气化、固化成型、发电等技术。

(2)围绕生活宽裕,多渠道增加农民收入,完善农村社会保障制度,实现农民生活水平新提高,大力发展劳务经济,实现农民收入多元化。广泛利用各类资源,积极发展多种经营,进一步调整优化农业结构,挖掘农村内部增收潜力,在生产发展的基础上大力发展劳务经济,拓宽外部增收空间。

(3)围绕乡风文明,发展农村教育文化事业,提高农民思想道德素质,倡导健康文明新风尚,优先发展农村教育事业,提高农民素质。巩固和提高农村九年义务教育,建立健全农村教育经费保障机制,进一步改善办学条件,加强农村教师队伍建设,鼓励大中专毕业生到农村任教,建立城市教育支持农村教育的机制,促进城乡义务教育均衡发展。

(4)围绕村容整洁,完善农村基础设施,优化人居环境和生态环境,形成农村新面貌,加强农村基础设施建设,改善农村生活条件。

①继续实施农村饮水安全工程,提高农民饮用水质量。解决高氟、高砷、苦咸水和重污染地区、山区严重缺水地区人口的饮水安全问题。加快集中供水工程建设,逐步提高自来水入户率。

②完成农村电网改造续建配套工程,充分利用水电资源,搞好农村小水电建设。加强农村公路建设,所有行政村和部分自然村实现通水泥路,大力发展农村客运市场,路、站、运同步发展,解决农民出行难问题。

③大力发展农村沼气,在适宜地区全面推进农村户用沼气建设,扶持养殖场建设大中型沼气工程,推广沼气综合利用技术,加强沼气服务体系建设。

④大力发展农村通信,实现村村通电话,充分利用各种农业信息网络平台,为农民提供及时快捷的信息服务。

⑤搞好给排水和垃圾集中处理设施建设,做好农村改厨、改厕、改圈、改水工作,解决住宅与畜禽圈舍混杂问题。搞好村庄和村际通道绿化工程,加强沟、河、渠绿化,改善农村环境卫生和村容村貌。

⑥根据自然地理与资源环境条件,优化村庄布局,统筹村庄基础设施、公共服务设施,加强宅基地规划和管理,搞好"空心村"整治。有条件的地方,在尊重农民意愿的基础上,按照集约用地的原则,统一规划,搞好村庄建设。

⑦注重村庄安全建设和农村消防、森林防火工作,预防山洪、泥石流、地震等灾害对村庄的危害。加强农村生态环境建设,提高可持续发展能力。

(5)围绕管理民主,加强农村基层组织建设,切实保障农民民主权利,建立村级管理新机制,加强农村基层组织建设,巩固党在农村的执政基础。

**(二)新农村建设的保障措施**

推进社会主义新农村建设是新阶段农村发展的总任务,是解决"三农"问题的总抓手,是做好农业和农村工作的总要求。

1. 加强领导,提高认识

各级农业部门要认真学习党的十六届五中全会和十七届三中全会精神,深刻领会社会主义新农村建设的重大意义、科学内涵、目标任务和基本原则,组织形式多样的学习宣传活动,深入基层、深入群众,广泛宣讲五中全会精神,使中央关于新农村建设的战略部署家喻户晓,成为基层干部和农民群众的自觉行动。要按照中央的总体要求,切实加强对新农村建设工作的领导,研究发展政策,细化发展目标,制定发展措施,落实发展项目,充分发挥农业部门在推进社会主义新农村建设中的职能作用。

2. 统筹规划,协调发展

各级农业部门要按照社会主义新农村建设的总体要求,从统筹城乡经济发展的要求出发,把促进农业和农村经济发展的政策措施,把粮食增产和农民增收的工程项目纳入经济和社会发展的"十一五"规划中,自觉地把本行业、本部门的发展目标要求、建设内容、政策措施与社会主义新农村建设结合起来,与农村经济、政治、文化和社会建设结合起来,促进农村经济社会协调发展。

### 3.因地制宜,分类指导

要充分认识社会主义初级阶段的长期性,地区发展的不平衡性,坚持从各地实际出发,立足现有基础,努力创造条件,准确把握不同地区、不同产业、不同阶段的发展思路、发展内容、发展重点,提倡多元化,不搞一刀切,允许有先后,不搞齐步走。要尊重农民意愿,坚持实践的观点、群众的观点,及时发现和解决新农村建设中的热点、难点问题,及时总结与推广基层和群众创造的好经验、好方法,注重典型引路,发挥示范效应。要扎实稳步推进,量力而行,讲求实效,从群众最迫切需要而又有条件做的事情办起,不能刮浮夸风,力戒形式主义,确保实际效果。

### 4.建立机制,保障建设

建设社会主义新农村是一项系统工程和长期任务,必须建立保障建设的有效机制。要建立投入保障机制,安排专项资金,明确投入渠道,落实建设项目,为建设社会主义新农村创造物质条件。建立工作协调机制,搞好与有关部门的协调配合,发挥各部门职能优势,共同推进社会主义新农村建设。建立检查监督机制,明确任务,落实责任,加强检查,确保工作到位、责任到位。建立科学民主决策机制,要尊重客观规律,广泛发扬民主,加强重大问题调查研究,加强规范化、制度化建设,不断提高科学执政、民主执政、依法执政的能力和水平。

# 有关新农村规划的技术问题

## (一)什么是村庄?

村庄是不同于城市、城镇而从事农业的农民聚居地,以从事农业生产为主的劳动者聚居的地方,又叫做农村。包括所有的村庄和拥有少量工业企业及商业服务设施,但未达到建制镇标准的乡村集镇。

**（二）村庄有哪些类型？**

村庄聚落按农业部门来分，可分为种植业聚落、林业聚落、牧村、渔村以及具有两种以上部门活动的村落等。按平面形态可分为：团聚型（集村），即块状聚落（团村）、条状聚落（路村、街村）、环状聚落（环村）；散漫型，即点状聚落（散村）。它受经济、社会、历史、地理诸条件的制约。历史悠久的村落多呈团聚型，开发较晚的区域移民村落往往呈散漫型。

在我国，村庄目前分为行政村与自然村。行政村是指政府为了便于管理，而确定的乡下面一级的管理机构所管辖的区域，又叫中心村。自然村是农村居民自然聚居而形成的村落，又叫基层村。两者的关系是自然村一般小于行政村，也就是说，几个相邻的小村可以构成一个大的行政村。这个行政村由一套领导班子（党支部、村委会）管理，但可以把几个自然村分成几个组，每组一个组长，这些自然村都要受行政村党支部和村委会的管理与领导。

村镇规划规模分级见表1-1。

表1-1　村镇规划规模分级

| 村镇层次 | 村镇规划规模分级 | | | |
| --- | --- | --- | --- | --- |
| | 村庄 | | 集镇 | |
| | 基层村 | 中心村 | 一般镇 | 中心镇 |
| 大型（人） | >300 | >1 000 | >3 000 | >10 000 |
| 中型（人） | 100～300 | 300～1 000 | 1 000～3 000 | 3 000～10 000 |
| 小型（人） | <100 | <300 | <1 000 | <3 000 |

**（三）什么是新农村？**

我国明确提出了新农村建设的具体目标，即建成"生产发展、生活宽裕、乡风文明、村容整洁、管理民主"的社会主义新农村。虽然是短短20个字，但其涵盖的内容非常广泛。农业部农村经济研究中心主任柯炳生将新农村理解为"因地制宜地建设各具民族和地域风情的居住房,房屋建设要符合节约型社会要求;完善基础设施,道路、水电、通信等配套设施要俱全;生态环境良好、生活环境优美,尤其在环境卫生处理能力上要体现出新的时代特征",同时还要培育有理想、有文化、有道德、有纪律的新农民;要移风易俗,提倡科学、文明、法治的生活观,加强农村的社会主义精神文明建设。

**(四)什么是新农村规划?**

根据《中华人民共和国城乡规划法》,新农村规划应当从农村实际出发,尊重村民意愿,体现地方和农村特色。村庄规划的内容应当包括:规划区范围,住宅、道路、供水、排水、供电、垃圾收集、畜禽养殖场所等农村生产、生活服务设施和公益事业等各项建设的用地布局、建设要求,以及对耕地等自然资源和历史文化遗产的保护、防灾减灾等的具体安排。

**(五)新农村规划分哪几个阶段?**

根据《村庄和集镇规划建设管理条例》,新农村规划分为村庄总体规划和村庄建设规划两个阶段进行。村庄总体规划的主要内容包括:乡级行政区域的村庄布点,村庄的位置、性质、规模和发展方向,村庄的交通、供水、供电、邮电、商业、绿化等生产和生活服务设施的配置。村庄建设规划应当在村庄总体规划指导下,具体安排村庄的各项建设。村庄建设规划的主要内容,可以根据本地区经济发展水平,参照集镇建设规划的编制内容,主要对住宅和供水、供电、道路、绿化、环境卫生以及生产配套设施作出具体安排。

**(六)新农村规划有什么历史意义?**

党的十六届五中全会提出了推进社会主义新农村建设的历史任务,这是党中央统揽全局、着眼长远、与时俱进作出的重大决策,是一项不但惠及亿万农民,而且关系国家长治久安的战略举措,是我们在当前社会主义现代化建设的关键时期必须担负和完成的一项重要使命。全党同志和全国人民对此应当有明确而又深刻的认识,把思想和行动统一到中央决策上来,上下一心、步调一致地为之努力奋斗。

农村人口众多、经济社会发展滞后是我国当前的一个基本国情。

建设社会主义新农村,是贯彻落实科学发展观的重大举措;建设社会主义新农村,是确保我国现代化建设顺利推进的必然要求;建设社会主义新农村,是全面建设小康社会的重点任务;建设社会主义新农村,是保持国民经济平稳较快发展的持久动力;建设社会主义新农村,是构建社会主义和谐社会的重要基础。社会和谐离不开广阔农村的社会和谐。当前,我国农村社会关系总体是健康、稳定的,但也存在一些不容忽视的矛盾和问题。通过推进社会主义新农村建设,加快农村经济社会发展,有利于更好地维护农民群众的合法权益,缓解农村的社会矛盾,减少农村不稳定因素,为构建社会主义和谐社会打下坚实基础。

**(七)建设社会主义新农村与全面建设小康社会有何关系?**

"全面建设小康社会的难点在农村和西部地区"。在全面建设小康社会的进程中,农村能否完成全面建设小康社会的各项任务,对全国来说举足轻重、成败攸关。建设社会主义新农村体现了农村全面发展的要求,也是巩固和加强农业基础的地位、全面建设小康社会的重大举措。

全面建设小康社会,最艰巨、最繁重的任务在农村。这是由我国农村的实际情况决定的。我国 13 亿人口中的大多数居住在农村。近年来,中央采取多方面措施增加农民收入,农村居民人均纯收入有了较大幅度提高。

加速推进现代化,必须妥善处理工农城乡关系。构建社会主义和谐社会,必须促进农村经济社会全面进步。只有发展好农村经济,建设好农民的家园,让农民过上宽裕的生活,才能保障全体人民共享经济社会发展成果,才能不断扩大内需和促进国民经济的持续发展。没有农村的小康,就没有全国的小康;没有农村的现代化,就没有全国的现代化。加快推动农村全面建设小康社会的进程,使我国按照科学发展观的要求,统筹城乡和区域发展,大力推进社会主义新农村建设,继续实施西部大开发战略,加快农村全面建设小康社会的步伐。

### (八)新农村规划的任务是什么?

村庄建设规划的基本任务是在乡镇总体规划(含乡镇域规划)所确定的村庄规划建设原则的基础上,进一步确定行政村域内村庄建设的规模、范围和界限,对村庄建设进行综合布局和规划协调,统筹安排各类基础设施和公共设施,为村庄居民提供切合当地特点、与规划期内当地经济社会发展水平相适应的人居环境。

### (九)新农村建设必须坚持什么原则?

新农村建设必须坚持以农民为主体,以政府为主导。在建设的过程中,必须处理好以下几个关系,也即必须坚持以下原则:

**1. 必须坚持以农民为主体,充分发挥广大农民在新农村建设中的主体性作用**

坚持农民的主体地位,充分发挥广大农民在新农村建设中的主体性作用,是决定新农村建设成败的关键。首先,必须把农民作为新农村建设的利益主体;其次,必须把农民作为新农村建设的行为主体。

**2. 必须坚持以政府为主导,统一规划,分步实施**

新农村建设中,政府既不能角色错位或越位,更不能角色缺位,而应加强宏观调控,强化政府主导角色,按照"生产发展、生活宽裕、乡风文明、村容整洁、管理民主"的总体要求,统一规划,分步实施。

**3. 必须坚持以政府投入为主渠道,大力改善农村的公共资源配置**

新农村建设是在国民经济发展进入"工业反哺农业、城市支持农村"的阶段后,涉及农村经济建设、政治建设、文化建设和社会建设等方面的一项系统工程。在具体实施中,应注意以下几个方面:一是加大中央和地方政府预算内投资用于农业基础设施建设的比重,大力增强农业可持续发展的能力;二是加大国家财政投入,改善农村的交通、供水、通电和教育、医疗、文化、体育以及社会保障等条件。在此基础上,加强农村人才建设,将城市优质人才引入农村,全面加强新农村建设。

**（十）新农村规划的依据是什么？**

（1）《中华人民共和国城乡规划法》。

（2）《中共中央国务院关于推进社会主义新农村建设的若干意见》。

（3）《村庄和集镇建设管理条例》（国务院令第116号）。

（4）建设部《镇规划标准》。

（5）规划村庄有关图纸、基础资料及规划要求。

**（十一）新农村建设规划的内容是什么？**

村庄建设规划，应当在村庄总体规划的指导下，具体安排村庄的各项建设，其主要内容包括：住宅、乡（镇）村企业、乡（镇）村公共设施、公益事业等各项建设的用地布局，用地规划，有关的技术经济指标，近期建设工程以及重点地段建设具体安排。

**（十二）新农村建设规划由谁来批准？**

村庄、集镇总体规划和集镇建设规划，须经乡级人民代表大会审查同意，由乡级人民政府报县级人民政府批准。村庄建设规划，须经村民会议讨论同意，由乡级人民政府报县级人民政府批准。村庄、集镇规划经批准后，由乡级人民政府公布。

**（十三）新农村规划的期限是怎样的？**

一般分为近期、中期、远期，根据发展要求和实际情况灵活确定。

**（十四）村庄规划的范围是什么？**

村庄建设规划宜以行政村范围进行规划，若是多村并一村的，宜以规划调整后的行政村范围为规划范围。居住分散又不宜集中建设的自然村，可单独规划。

**（十五）新农村规划的类型有哪些？**

1. 改造城中村

城市化进程的加快，使一些处于城乡结合部的村庄融入城区，成为"城中有村，村里有城，村外现代化，村里脏乱差"的地区，严重阻碍了城市精神文明建设的普及与发展；不利于城市整体规划和建设。城中村在从乡村向城市转变过程中，因土地、户籍、人口等多方面均属城乡二元管理体制,没有完全纳入城市统一规划、建设和管理,其发展有很大的自发性和盲目性,在生产方式、生活方式、景观建设等各方面仍保留浓厚的农民特征,因而影响了城市基础设施布局乃至城市整体规划的实施。城中村的长期存在,已经成为我国很多城市发展面临的一个难题。大量的城中村存在于都市之中,给城市建设和管理带来很大的负面影响,而改造城中村的难度极大,如何改造城中村,是全国几乎所有城市都正在面临的重大课题。城中村改造应当充分调动各方面的积极性,以改善城中村综合环境,完备城市公共服务功能,构建和谐社区为目的,坚持政府主导、市场运作、利民益民、科学规划、综合改造的原则,依法保护农村集体经济组织成员的合法权益,积极稳妥地推进。

2. 提升中心村

中心村,被认为是由若干行政村组成的,具有一定人口规模和较为齐全的公共设施的农村社区,它介于乡镇与行政村之间,是城乡居民点最基层的完整的规划单元。确定中心村应当综合考虑三个方面的要素:一是规模较大、经济实力较强、基础设施较为完备,能起到带动周围村庄建设和发展的村庄;二是有人口集中条件,一村或多村合建的村庄,宜以二、三层或多层建筑为主,基础和服务设施要配套齐全;三是中心村应布局合理,服务半径宜覆盖 2 km 左右。

采用土地置换、农地流转、村庄撤并等办法,引导周边村的农村人口到中心村集聚。中心村规划要放眼长远,统筹谋划,基础设施和公共服务项目建设要充分考虑到外来人口的需求。按照生产方便、生活宜居、环境优美的原则,统筹推进中心村水、电、路、绿化及垃圾处理、污水治理等基础设施建设,全面改善村庄生态环境和人居环境。在村镇布局规划的指导下,以现状村庄为基础,适度集聚周边地区村民的村庄。在整治现有旧村的同时,扩建部分与现有村庄在道路系统、空间形态、社会关系等方面应注意良好的衔接,在建筑风格、景观环境等方面有机协调;在现有村庄基础上沿 1~2 个方向集中建设(选择发展方向应考虑交通条件、土地供给、农业生产等因素),避免无序蔓延,形成紧凑布局形态;统筹安排新旧农村公共设施与基础设施配套建设。

### 3.整治一般村

一般村是指不聚集或基本不聚集周边其他地区村民的村庄。在调查建筑质量和村民建房需求的基础上,合理确定保留、整治、拆除的建筑,注意保护原有村庄和社会网络及空间格局,合理提高基础设施和公共服务设施配套水平,加强村庄绿化和环境建设,改善村庄居住环境。对具有重要历史文化保护价值的村庄,应按照有关历史文化保护法律法规的规定,编制专项保护规划。对现存比较完好的传统和特色村落,要严格保护,并整治影响和破坏传统特色风貌的建筑物、构筑物,妥善处理好新建住宅与传统村落之间的关系。

### 4.迁并特殊村

结合当地实际情况,可考虑将四类村庄予以迁并。一是存在自然灾害安全隐患的村庄,主要是位于行洪区、蓄滞洪区、矿产采空区的村庄和常有泥石流、山体滑坡、地质塌陷、洪涝灾害等发生地区的村庄。二是人口少、难进行基础设施和公共服务设施配套、生活环境差、村民有迁并意愿的村庄;人均耕地不足以使村民生活自给,且无其他生活来源的村庄。三是用水严重短缺、严重不达标的村庄;地方病发病率高的村庄;位于大型水源地、自然生态保护区和风景名胜区核心区等生态敏感区的村庄。四是地域空间上接近,有可能随着发展逐渐融为一体的村庄,以及按新民居建设要求集中发展的村庄。

### 5.保护特色村

对一些特色村庄要予以保护,比如旅游特色村和历史文化名村等。中国旅游特色村是由中国村社发展促进会特色村工作委员会、亚太农村社区发展促进会评选出的村庄。中国旅游特色村是中国农村改革以来兴起的第二支中坚力量,创造性地发展旅游经济,探索出不同的特色发展之路,形成特色农业或特色经济,带领全体村民走共同富裕的道路,村庄经济发展取得了令人瞩目的成就。近些年来,随着国际社会和我国政府对文化遗产保护的日益关注,历史文化名镇名村保护与利用已成为各地经济社会发展的重要组成部分,成为培育地方特色产业、推动经济发展和提高农民收入的重要源泉,成为塑造乡村特色、增强人民群众对各民族文化的认同感和自豪感,满足社会公众精神文化需求的重要途径,在推动经济发展、社会进步和保护先进文化等方面都发挥着积极的作用。

### (十六) 新农村规划与相关规划的关系

#### 1. 与县域村镇体系规划的关系

县域村镇体系规划是指明确哪些村需要保留、哪些村需要迁建、哪些村需要合并、哪些村需要搬迁至中心村,可以明确每个村"一村一品"是什么特色,产业发展如何定位,是养殖、是特色种植、是商业、是工业、是交通运输业或是服务业为主导产业。提高集体建设用地节约集约利用水平,并引导农民居住向中心村镇集中、耕地向适度规模经营集中、产业向园区集中,实现耕地增加、用地节约、布局优化、要素集聚的目标,加快推进新农村建设和城乡一体化发展。规划完善中心村功能,逐步改造为农村新型社区。对中心村、经济强村和大企业驻地及周边村庄,按照农村新型社区的标准,统一组织建设集中居住区,同步配套建设基础设施和公共服务设施。鼓励经济强村兼并周边弱村,通过宅基地置换引导村庄整合。按照发展产业集聚区、改造城郊村、建设中心村、整合弱小村、治理空心村、培育特色村、搬迁不宜居住村的要求,通过科学适度的村庄整合,相对集中规划建设农民住宅,逐步推动农民居住由分散向集中转变、村庄向社区转变。对农村的空间布局、建设用地、基础设施、公共服务设施等诸多要素优化整合与调整利用,从根本上改善农村的居住条件、生活环境和公共服务水平,有效整合、合理配置农村建设用地,实现节约集约用地,在城镇建设用地短缺的情况下腾出大量农村集体建设用地。

#### 2. 与乡镇总体规划的关系

乡镇总体规划是指规划统筹引导和调控村镇的合理发展与空间布局,指导村镇总体规划和村镇建设规划的编制,合理安排城乡建设用地布局,确定村镇居民点集中建设、协调发展的总体方案,确定村镇体系结构,提出村镇建设控制标准,确定村庄布局的基本原则,明确需要发展、限制发展和不再保留的村庄,并提出农村居民聚居点治理和建设的管理策略。

### 3. 与乡镇域土地利用总体规划的关系

土地利用总体规划是在一定区域内,根据国家社会经济可持续发展的要求和当地自然、经济、社会条件,对土地的开发、利用、治理、保护在空间上、时间上所作的总体安排和布局,是国家实行土地用途管制的基础。国家编制土地利用总体规划,规定土地用途,将土地分为农用地、建设用地和未利用地。严格限制农用地转为建设用地,控制建设用地总量,对耕地实行特殊保护。因此,使用土地的单位和个人必须严格按照土地利用总体规划确定的土地用途使用土地。

按国务院办公厅《关于做好土地利用总体规划修编前期工作意见的通知》(国办发〔2005〕32号)的有关精神和要求,通过新一轮土地利用总体规划修编核减现有和先行规划确定的基本农田保护指标是不可能的。在土地利用总体规划确定的各类用地不能改变和突破的情况下,唯一的办法和途径就是通过充分利用国家现有的政策,将规划修编与开展农村建设用地整理(特别是基本农田保护区内农村建设用地整理),实行建设用地置换、城镇建设用地增加与农村建设用地减少相挂钩来达到目的,同时又能完成基本农田保护和耕地保有量的任务。

### 4. 与乡镇域社会经济发展规划的关系

社会经济发展规划是结合当地实际情况,从合理利用当地资源出发,以改革和科技进步为动力,以经济开放和市场导向为途径,坚持资源开发利用和环境保护相结合,坚持产业结构调整和所有制结构调整相结合,对其产业规划和经济发展的一项规划。可以对一些以粮烟、蚕桑及养殖业为重点的高效农业和能源、交通、通信、水利等基础设施进行建设,也可以是对以特色农产品加工业为重点的第二产业的发展,或者是发展以旅游业为龙头的第三产业,以及对公有制经济的发展和对外开放等。

发展经济是社会主义新农村建设的一个重要内容。以发展县域经济为重要载体建设社会主义新农村,是全面振兴农村的一项重要任务。农村性是我国县域经济的一个基本特征,县域经济的主体是农村、农业和农民,农业经济是县域经济的基础。新农村建设有利于统领县域经济的发展。以工业化为主导的各方互动的区域经济,其实力与活力直接影响着城镇和农村的发展水平,影响着新农村建设的进程。

**(十七) 村庄布点的原则是什么?**

(1) 体现聚集发展的原则。

(2) 符合乡镇域规划的村庄布点要求。

(3) 有利于现代农业生产的组织,方便农民小康或现代化生活的需求。

(4) 与当地基础设施条件、农业机械化水平相适应,耕作半径合理。

(5) 集中建设的村庄,每个行政村原则上不超过2个,进行集中建设的村庄,每个村庄集聚的人口规模不宜低于800人。

(6) 在地理条件、产业发展、文化保护等方面有特殊要求的地区,可根据特殊需要适当增加村庄的布点数量,但仍要体现集聚发展的本质要求。

**(十八) 村镇建设用地的选择依据有哪些?**

村镇建设用地的选择应根据地理位置和自然条件、占地的数量和质量、现有建筑和工程设施的拆迁和利用、交通运输条件、建设投资和经营费用、环境质量和社会效益等因素,经过技术经济比较,择优确定。

村镇建设用地宜选在生产作业区附近,并应充分利用原有用地调整挖潜,同基本农田保护区规划相协调。当需要扩大用地规模时,宜选择荒地、薄地,不占或少占耕地、林地和人工牧场。

村镇建设用地宜选在水源充足、水质良好、便于排水、通风向阳和地质条件适宜的地段。

村镇建设用地应避开山洪、风口、滑坡、泥石流、洪水淹没、地震断裂带等自然灾害影响的地段,并应避开自然保护区、有开采价值的地下资源和地下采空区。

村镇建设用地宜避免被铁路、重要公路和高压输电线路所穿越。

**(十九)村庄规划需要收集哪些基础资料?**

(1)基础情况(自然村个数、名称,总户数,总人口,村庄总用地,村庄建设总用地,耕地面积,现状户均宅基地面积,各自然村概况)。

(2)基础设施情况(给水设施,电力设施,道路建设情况,环卫设施)。

(3)工业及公共设施情况(公共服务设施名称、规模,主要企业情况,侧重发展方向)。

(4)村庄简介材料(地理位置,地形地貌,水文地质条件,自然资源,历史文化,风景名胜等)。

(5)村民住宅建筑风格、面积、院落、户型等设计要求。

(6)乡(镇、办事处)总体规划图纸及说明书。

(7)乡(镇、办事处)土地利用规划图纸及说明书。

**(二十)村庄现状中用地与功能布局普遍存在哪些问题?**

(1)居民住房布局较散乱,土地浪费较严重。

(2)大部分房屋日照通风条件不良,质量较差,乱搭乱建的现象较为普遍。

(3)室内环卫设施、宅前道路和消防安全条件差。

(4)村内的教学设施不完善,村内缺少幼儿园,学前教育受到影响。

(5)村内商业点店铺店面凌乱,没形成好的商业环境和商业气息。

(6)无村民活动场地。

**(二十一)如何进行生态规划?**

进行生态规划,要按照社会主义新农村建设的要求,必须进一步强化可持续发展意识,妥善处理好经济发展与人口、资源和环境的关系,改善农村生态环境。尊重和悉心呵护自然环境,继承村民们尊重周边生态环境、与之共存的传统思想,突出保护历史风貌和自然生态,严格控制村庄周边土地使用与开发强度,形成农田、林地、山体、河流、池塘等生态复合系统。

# 第二章　村庄用地规划

## 《土地利用总体规划》及村庄用地构成

根据《土地利用总体规划》可将土地划分为农用地、建设用地和未利用地。农用地是指直接用于农业生产的土地,包括耕地、林地、草地、农田水利用地、养殖水面等;建设用地是指建造建筑物、构筑物的土地,包括城乡住宅和公共设施用地、工矿用地、交通水利设施用地、旅游用地、军事设施用地等;未利用地是指农用地和建设用地以外的土地。

根据《城市用地分类与规划建设用地标准》(2012年1月1日实施),村庄规划中的村庄用地主要由水域、农林等非建设用地和建设用地组成,其中水域主要包括河流、湖泊、水库、坑塘、沟渠、滩涂、冰川及永久积雪,不包括公园绿地及单位内的水域;农林地主要包括耕地、园地、林地、牧草地、设施农用地、田坎、农村道路等用地;其他非建设用地主要包括空闲地、盐碱地、沼泽地、沙地、裸地、不用于畜牧业的草地等用地。建设用地主要包括村庄建设用地、区域交通设施用地、区域公用设施用地和采矿用地等。

### 一、村庄建设用地

#### (一)用地构成

村庄建设用地可分为居住建筑用地、公共设施用地、道路广场用地、绿化用地和其他用地五大类。

居住建筑用地包括住宅建筑基底占有的用地及其四周合理间距内的用地。其用地包括通向住宅入口的小路、宅旁绿地和家务院。

公共设施用地包括公共服务设施用地和市政服务设施用地,指村庄内各类公共设施建筑物基底占有的用地及其四周的用地(包括道路、场地和绿化用地等)。其中,公共服务设施主要有"三大中心"和"三大场所":"三大中心"是指文化活动中心、村民休闲中心和医疗卫生服务中心,以丰富农民业余文化生活,提高农民医疗保障水平,推进农村文化、体育、卫生事业健康发展;"三大场所"是指托儿所、敬老院和超市,通过教育、养老、购物进村,以满足农民生活需要,促进农村教育事业、社会保障体系与商贸物流业的发展。市政服务设施主要包括"六大管线"及其相应设施,"六大管线"是指公交线、宽带线、电话线、有线电视线、自来水管、排水管,做到适度超前,预埋铺设,以保证农村可持续发展。

道路广场用地包括村庄内各级道路的用地,还包括回车场地和停车场用地。

绿化用地包括村内供村民公共使用的绿地。例如居民点级公园、小游园、运动场、林荫道、小面积和带状的绿地、儿童游戏场地、青少年和成年人、老年人的活动和休息场地。

其他用地包括生产性服务设施用地和其他。例如小工厂和作坊用地、镇级公共设施用地、企业单位用地、防护用地等。

**(二)用地规模和标准**

村庄建设用地规模应根据村庄规划总人口和人均建设用地指标的乘积来确定。人均建设用地指标应按表2-1分为四级。

表2-1　人均建设用地指标

| 级别 | 一 | 二 | 三 | 四 |
|---|---|---|---|---|
| 人均建设用地指标(m²/人) | 60~80 | 80~100 | 100~120 | 120~140 |

新建区的规划人均建设用地指标应按表2-1中的第二级确定;当地处现行国家标准《建筑气候区划标准》(GB 50178)的Ⅰ、Ⅶ建筑

气候区时,可按第三级确定;在各建筑气候区内均不得采用第一、四级人均建设用地指标。

各类建设用地占总建设用地的比例称为规划建设用地结构,反映了规划用地的合理性(见表2-2)。

表2-2　各类建设用地占总建设用地的比例

| 类别名称 | 占建设用地的比例(%) | 类别名称 | 占建设用地的比例(%) |
|---|---|---|---|
| 居住用地 | 50~70 | 道路广场用地 | 8~12 |
| 公共设施用地 | 6~12 | 绿地 | 6~10 |

### (三)用地布局及注意事项

村庄建设用地的选择应根据地理位置和自然条件、占地的数量和质量、现有建筑和工程设施的拆迁与利用、交通运输条件、建设投资和经营费用、环境质量和社会效益等因素,经过技术经济比较,择优确定。

村庄建设用地宜选在生产作业区附近,并应充分利用原有用地调整挖潜,同基本农田保护区规划相协调。当需要扩大用地规模时,宜选择荒地、薄地,不占或少占耕地、林地和人工牧场。

村庄建设用地宜选在水源充足、水质良好、便于排水、通风向阳和地质条件适宜的地段。

村庄建设用地应避开山洪、风口、滑坡、泥石流、洪水淹没、发震断裂带等自然灾害影响的地段;并应避开自然保护区、有开采价值的地下资源和地下采空区。

村庄建设用地宜避免被铁路、重要公路和高压输电线路所穿越。

## 二、村庄土地流转

农村土地流转其实是一种通俗和省略的说法,全称应该为农村土地承包经营权流转。也就是说,在土地承包权不变的基础上,农户把自己承包村集体的部分或全部土地,以一定的条件流转给第三方经营。

## （一）土地流转的意义

农村土地流转既缓和了人地矛盾，使部分农民从土地上转移出来，转移到第二、三产业，进而扩大农业生产经营规模，是提高农业比较效益的一个好办法。土地流转是催生现代农业的新举措。土地流转有着以下重要意义：

（1）农业规模化经营的需要。实行土地承包到户以后，土地经营零散，由各家各户自主经营，短时间内提高了农民的积极性，但在集约化、规模化经营的今天，单个农户分散经营，应对市场的能力越来越弱，土地流转政策是农业规模化经营的客观需要。

（2）农村劳动力转移的需要。增加农民收入的最有效方式是最大程度地转移农民，土地流转是转移劳动力的必然趋势；同时，从事农业生产的种田能手、造林能人、营销大户们又迫切需要更多的土地来拓展经营规模，实现规模化经营。

（3）农业产业化经营的需要。由于过去主要是一家一户分散经营，生产、产品都形不成规模，在市场竞争中往往处于劣势。一些有一技之长的种田能手要求扩大经营规模或经营项目，却缺乏土地，而另一部分从事非农产业的农户却无力或不愿耕种土地，特别是农民市场观念的增强以及新型农民的出现，强烈要求土地使用权进入市场流转，以便为农业产业化经营提供条件，这是农村土地承包经营发展到一定阶段的必然要求。

（4）土地流转必然为农业标准化生产、品牌建设、名牌效应提供重要条件。通过流转才有利于解决和实现土地、劳力、资金、技术、信息等生产要素的优化配置和组合，才有利于发展适度规模经营，促进农业结构的调整和优化，增强农产品的市场竞争力，从而有利于提高农业经济效益，有利于农业增产和农民增收。

（5）有利于推动土地使用权进入市场。"明确所有权、稳定承包权、搞活使用权"，这实际上就提出了一个耕地使用权转让市场的问题。

## （二）土地流转基本类型

《中华人民共和国农村土地承包法》第 32 条和第 49 条对按照家庭承包和以其他方式承包分别作了不同的规定，即"通过家庭承包方式取得的土地承包经营权，可以依法采取转包、出租、互换或者其他方式流转"；"通过招标、拍卖、公开协商等方式承包农村土地，经依法登记取得土地承包经营权证或者林权证等证书的，可以依法采取转让、出租、入股、抵押或者其他方式流转"。综上，土地流转类型基本可分为转包模式、出租模式、互换模式、转让模式、入股模式和抵押模式。

转包是指承包方将部分或全部土地承包经营权以一定期限转给同一集体经济组织的其他农户从事农业生产经营。转包后原土地承包关系不变，原承包方继续履行原土地承包合同规定的权利和义务。接包方按转包时约定的条件对转包方（原承包方）负责。承包方将土地交他人代耕不足一年的除外。

出租是指承包方将部分或全部土地承包经营权以一定期限租赁给他人（包括个人、集体、企业或其他组织）从事农业生产经营，出租人向承租人收取租金。出租后原土地承包关系不变，原承包方继续履行原土地承包合同规定的权利和义务。承租人按出租时约定的条件对出租人（承包方）负责。

互换是指承包方之间为各自需要或者方便耕种管理，通过自愿平等协商，对属于同一集体经济组织的承包地块进行交换，同时交换相应的土地承包经营权。互换后，原土地承包合同规定的权利义务可由原承包者承担，也可随互换而转移，但如果转移了则须按规定办理相关手续。

转让是指承包人将其土地承包经营权转让给受让人，承包人与发包人之间的权利义务解除，由受让人履行承包人的权利义务，承包人依流转合同的规定获取一定利益的流转方式。

入股是指实行家庭承包方式的承包方之间为发展农业经济，将土地承包经营权作为股权，自愿联合从事农业合作生产经营；其他承包方式的承包方将土地承包经营权量化为股权,入股组成股份公司或者合作社等,从事农业生产经营,承包方按股分红。

抵押是指抵押人(原承包方)在通过农村土地承包方式取得物权性质土地承包经营权有效存在的前提下,以不转移农村土地的占有,将物权性质土地承包经营权作为债权担保的行为。在抵押人不履行债务时,债权人(即抵押权人)依照担保法规定,可以拍卖、变卖物权性质土地承包经营权的价款中优先受偿或以物权性质土地承包经营权折价受偿。

# 村庄用地规划常见问题

### (一)国家对土地管理有哪些规定?

在中国,实行严格的土地管理制度,是由我国人多地少的国情决定的,也是贯彻落实科学发展观,保证经济社会可持续发展的必然要求。

(1)严格依照法定权限审批土地。农用地转用与土地征收的审批权在国务院和省、自治区、直辖市人民政府,各省、自治区、直辖市人民政府不得违反法律和行政法规的规定下放土地审批权,严禁规避法定审批权限,将单个建设项目用地拆分审批。

(2)严格执行占用耕地补偿制度。

(3)禁止非法压低地价招商。违反规定出让土地造成国有土地资产流失的,要依法追究责任,情节严重的,以非法低价出让国有土地使用权罪追究刑事责任。

(4)严格依法查处违反土地管理法律法规的行为。对非法批准占用土地、征收土地和非法低价出让国有土地使用权的国家机关工作人员,给予行政处分;构成犯罪的,追究刑事责任。对非法批准征收、使用土地,给当事人造成损失的,还必须依法承担赔偿责任。

中国农民问题的核心是土地问题,必须实行最严格的耕地保护制度,保护农民对土地生产经营的自主权,占用农民的土地要给予应有的补偿,土地出让金主要应该给农民,并且依法严惩那些违背法律,强占、乱占农民土地的行为。

**(二)哪些土地属于全民所有即国家所有?**

(1)城市市区的土地;

(2)农村和城市郊区中已经依法没收、征收、征购为国家的土地;

(3)国家依法征用的土地;

(4)依法不属于集体所有的林地、草地、荒地、滩涂及其他土地;

(5)农村集体经济组织全部成员转为城镇居民的,原属于其成员集体所有的土地;

(6)因国家组织移民、自然灾害等,农民成建制地集体迁移后不再使用的原属于迁移农民集体所有的土地。

**(三)国有土地有偿使用的方式有哪些?**

国有土地有偿使用的方式包括:

(1)国有土地使用权出让;

(2)国有土地租赁;

(3)国有土地使用权作价出资或者入股。

**(四)土地使用权出让有哪些规定?**

土地使用权出让是指国家以土地所有者的身份将土地使用权在一定年限内让与土地使用者,并由土地使用者向国家支付土地使用权出让金的行为。

土地使用权出让应当签订出让合同。

土地使用权出让最高年限按下列用途确定:

(1)居住用地 70 年;

(2)工业用地 50 年;

(3)教育、科技、文化、卫生、体育用地 50 年;

(4)商业、旅游、娱乐用地 40 年;

(5)综合或者其他用地 50 年。

## （五）我国土地的所有权和使用权有何规定？

土地所有权是国家或农民集体依法对归其所有的土地所享有的具有支配性和绝对性的权利。土地使用权是指自然人、法人或其他组织按照法律的规定，对国家所有的或集体所有的土地、森林、草原、荒地、滩涂等自然资源享有的占有、使用、收益的权利，是一种综合性、概括性的权利。

（1）中华人民共和国实行土地的社会主义公有制，即全民所有制和劳动群众集体所有制。农村和城市郊区的土地，除由法律规定属于国家所有的外，属于农民集体所有；宅基地和自留地，属于农民集体所有。

（2）农民集体所有的土地依法属于村农民集体所有的，由村集体经济组织或者村民委员会经营、管理；已经分别属于村内两个以上农村集体经济组织的农民集体所有的，由村内各该农村集体经济组织或者村民小组经营、管理；已经属于乡（镇）农民集体所有的，由乡（镇）农村集体经济组织经营、管理。

（3）农民集体所有的土地，由县级人民政府登记造册，核发证书，确认所有权。农民集体所有的土地依法用于非农业建设的，由县级人民政府登记造册，核发证书，确认建设用地使用权。单位和个人依法使用的国有土地，由县级以上人民政府登记造册，核发证书，确认使用权；其中中央国家机关使用的国有土地的具体登记发证机关，由国务院确定。

（4）依法改变土地权属和用途的，应当办理土地变更登记手续。依法登记的土地的所有权和使用权受法律保护，任何单位和个人不得侵犯。

（5）土地所有权和使用权争议，由当事人协商解决；协商不成的，由人民政府处理。单位之间的争议，由县级以上人民政府处理；个人之间、个人与单位之间的争议，由乡级人民政府或者县级以上人民政府处理。当事人对有关人民政府的处理不服的，可以自接到处理决定通知之日起 30 日内，向人民法院起诉。在土地所有权和使用权争议解决前,任何一方不得改变土地利用现状。

**(六)农村宅基地使用有哪些规定?**

农村村民一户只能拥有一处宅基地,其宅基地的面积不得超过省、自治区、直辖市规定的标准。农村村民建住宅,应当符合乡(镇)土地利用总体规划,并尽量使用原有的宅基地和村内空闲地。

农村村民住宅用地,经乡(镇)人民政府审核,由县级人民政府批准;其中,涉及占用农用地的,涉及农用地转为建设用地的,由省、自治区、直辖市人民政府批准。

农村村民出卖、出租住房后,再申请宅基地的,不予批准。

**(七)何谓基本农田?**

基本农田,是指根据一定时期人口和国民经济对农产品的需求以及对建设用地的预测确定的长期不得占用的和基本农田保护区规划期内不得占用的耕地。

下列耕地原则上应当划入基本农田保护区:

(1)国务院有关主管部门和县级以上地方人民政府批准确定的粮、棉、油和名、优、特、新农产品生产基地;

(2)高产、稳产田和有良好的水利与水土保持设施的耕地,以及经过治理、改造和正在实施改造计划的中低产田;

(3)蔬菜生产基地;

(4)农业科研、教学试验田。

**(八)基本农田保护有哪些原则?**

基本农田保护区一经划定,任何单位和个人不得擅自改变或者占用。国家能源、交通、水利等重点建设项目选址确实无法避开基本农田保护区,需占用基本农田保护区内耕地的,必须依照《中华人民共和国土地管理法》规定的审批程序和审批权限向县级以上人民政府土地管理部门提出申请,经同级农业行政主管部门签署意见后,报县级以上人民政府批准。

前款所列建设项目占用一级基本农田 500 亩以下的,必须报省、自治区、直辖市人民政府批准;占用一级基本农田超过 500 亩的,必须报国务院批准。

设立开发区,不得占用基本农田保护区的耕地;因特殊情况确需占用的,有关单位申报设立开发区时,必须附具省级以上人民政府土地管理部门和农业行政主管部门的意见。

**(九)如何办理农用地转为建设用地?**

建设占用土地,涉及农用地转为建设用地的,应当符合土地利用总体规划和土地利用年度计划中确定的农用地转用指标;城市和村庄、集镇建设占用土地,涉及农用地转用的,还应当符合城市规划和村庄、集镇规划。不符合规定的,不得批准农用地转为建设用地。

在土地利用总体规划确定的城市建设用地范围内,为实施城市规划占用土地的,按照下列规定办理:

(1)市、县人民政府按照土地利用年度计划拟订农用地转用方案、补充耕地方案、征用土地方案,分批次逐级上报有批准权的人民政府。

(2)有批准权的人民政府土地行政主管部门对农用地转用方案、补充耕地方案、征用土地方案进行审查,提出审查意见,报有批准权的人民政府批准;其中,补充耕地方案由批准农用地转用方案的人民政府在批准农用地转用方案时一并批准。

(3)农用地转用方案、补充耕地方案、征用土地方案经批准后,由市、县人民政府组织实施,按具体建设项目分别供地。

**(十)土地利用总体规划的规划期限及分类**

土地利用总体规划的规划期限一般为 15 年。

依照《中华人民共和国土地管理法》规定,土地利用总体规划应当将土地划分为农用地、建设用地和未利用地。

县级和乡(镇)土地利用总体规划应当根据需要,划定基本农田保护区、土地开垦区、建设用地区和禁止开垦区等;其中,乡(镇)土地利用总体规划还应当根据土地使用条件,确定每一块土地的用途。

土地分类和划定土地利用区的具体办法,由国务院土地行政主管部门会同国务院有关部门制定。

**（十一）土地利用总体规划有哪些要求?**

（1）土地利用总体规划的规划期限由国务院规定。土地利用总体规划按照下列原则编制：

①严格保护基本农田，控制非农业建设占用农用地；

②提高土地利用率；

③统筹安排各类、各区域用地；

④保护和改善生态环境，保障土地的可持续利用；

⑤占用耕地与开发复垦耕地相平衡。

（2）县级土地利用总体规划应当划分土地利用区，明确土地用途。

（3）城市建设用地规模应当符合国家规定的标准，充分利用现有建设用地，不占或少占农用地。

（4）江河、湖泊综合治理和开发利用规划，应当与土地利用总体规划相衔接。在江河、湖泊、水库的管理和保护范围以及蓄洪滞洪区内，土地利用应当符合江河、湖泊综合治理和开发利用规划，符合河道、湖泊行洪、蓄洪和输水的要求。

**（十二）乡（镇）土地利用总体规划公告的内容有哪些?**

乡（镇）土地利用总体规划经依法批准后，乡（镇）人民政府应当在行政区域内予以公告。

公告应当包括下列内容：

（1）规划目标；

（2）规划期限；

（3）规划范围；

（4）地块用途；

（5）批准机关和批准日期。

**（十三）村域土地利用规划包括哪些内容?**

（1）中心村建设用地规模、主要用地发展方向和调整范围。

（2）基层村建设用地规模、主要用地发展方向和调整范围。

（3）空间发展引导。

**（十四）村庄规划用地的选址需要注意哪些因素?**

村庄建设用地应避开山洪、风口、滑坡、泥石流、洪水淹没、地震断裂等自然灾害影响的地段,应避开自然保护区、有开采价值的地下资源和地下采空区,还应避免铁路、重要公路和高压输电线路穿越。

**(十五)新农村规划的用地构成要素有哪些?**

(1)居住建筑用地;

(2)公共设施用地;

(3)道路用地;

(4)公共绿地;

(5)其他用地。

**(十六)什么是居住建筑用地?**

居住建筑用地指住宅建筑基底占有的用地及其四周合理间距内的用地,其用地包括通向住宅入口的小路、宅旁绿地和家务院。

**(十七)什么是公共设施用地?**

公共设施用地指小区内各类公共服务设施建筑物基底占有的用地及其四周的用地(包括道路、场地和绿化用地等)。

**(十八)什么是道路用地?**

道路用地指小区内各级道路的用地,还应包括回车场地和停车场用地。

**(十九)什么是公共绿地?**

公共绿地指小区内公共使用的绿地,包括居民点级公园、小游园、运动场、林荫道、小面积和带状的绿地、儿童游戏场地,以及青少年和成年人、老年人的活动和休息场地。

**(二十)其他用地包括哪些内容?**

其他用地指上述用地以外的用地,例如小工厂和作坊用地,镇级公共设施用地、企业单位用地、防护用地等。

**(二十一)村庄规划中居住用地选址的原则是什么?**

(1)具有良好的自然条件;

(2)紧凑布置,集中完整;

(3)尽量考虑乡镇中心区;

(4)尽可能接近就业区;

(5)留有发展余地。

**(二十二)公共服务设施用地的规划原则有哪些?**

(1)因地制宜原则。各级公共服务设施配置类别、数量和规模,应该根据村庄的不同需求(职能、规模、地域、环境条件的差异)有所取舍、有所侧重。

(2)分级分类原则。管理型、公益型设施应由政府投资建设,保障村民的基本权益。经营型设施可采取市场经济运作方式建设,以完善公共服务设施,提高村民生活质量。

(3)分期建设原则。各级公共服务设施的配置,必须统一规划、合理布局,并按照主次、缓急分步实施建设;应设置划分阶段的具体项目配置内容,达到既满足当前居民需求,又为今后发展留有余地的目的。

(4)联建共享原则。对于服务人口较多、规模较大、投资相对较多的公共服务设施,可视具体情况,由多个村庄联建共享,形成一定地域的公共服务中心,以避免人力、物力和财力的浪费。

**(二十三)村庄人均建设用地指标指什么?**

村庄人均建设用地指标为规划范围内的建设用地总面积除以规划总人口数量的平均数值。

**(二十四)村庄规划中三类人均建设用地标准分别是多少?**

(1) I 类为 80 ~ 100 $m^2$/人,适用于现状人均用地低于 120 $m^2$,人均耕地不足 1 亩的村庄。

(2) II 类为 100 ~ 120 $m^2$/人,适用于新建村庄人均用地指标。

(3) III 类为 120 ~ 140 $m^2$/人,适用于现状人均用地超过 120 $m^2$,人均耕地大于 1 亩的村庄。

**(二十五)村庄规划中宅基地标准是什么?**

(1)城郊区和人均耕地不足 1 亩的平原地区,每户用地不得超过 134 $m^2$。

(2)人均耕地超过 1 亩的平原地区,每户用地不得超过 167 $m^2$,山区、丘陵区每户用地不得超过 200 $m^2$。

# 第三章 农村道路交通规划

随着社会主义新农村建设成为我国现代化进程中的重大历史任务,出现了大量关于新农村建设规划的探讨和研究。但目前针对农村道路规划的研究较少,新农村道路规划常常照搬城市道路的规划模式,与农村生产及生活脱节。笔者认为,提高农村的道路规划水平,是建设社会主义新农村的先决条件。

## 农村道路的重要性

农村道路是公益性的公共基础设施,是农村生产生活、农村经济社会发展的基础。"要想富,先修路"、"道路通,百业兴"等谚语已经成为农村道路在农村经济社会发展及广大农民生活中重要作用的集中体现和经验总结。要建设好农村道路,就要充分认识加快农村道路建设的重要意义。

## 农村道路的功能

新农村道路与满足较大交通流量的大尺度城市道路系统相比,在功能方面有其自身的特点,主要包括以下三个方面:

(1)新农村道路应为新农村社区提供基本的交通功能。在满足居民农业生产用车交通需求的同时,还要满足居民日常生活、垃圾清运、邮递等市政服务车辆通行的需求,以及救护、消防等非经常性的交通需要,交通功能较城市复杂。

(2)新农村道路应为新农村居民提供交流活动的场所。传统村落村民之间的交流交往主要集中在街道空间,延续传统文化,保留原有道路空间的人文内容,为人们休闲散步、娱乐健身和邻里交往提供空间场所,这是区别于城市道路功能的一项重要内容。

(3)新农村道路还承担着形成村庄结构以及布置各类市政管线的功能。新农村道路系统从总体规划上形成了村庄结构的基本骨架,即道路格局影响着村庄形态,道路的断面影响着居民的生活生产。

村庄道路系统是组织村庄各种功能用地的骨架,决定了村庄发展的轮廓和形态。村庄道路系统存在缺乏系统性研究、技术指标不能满足发展需求、不能满足地面排水与工程管线布置要求等问题。村庄道路系统的有序化对策应从总体要求、道路分类和技术指标确定三个方面进行考虑。

根据2008年1月1日起施行的《中华人民共和国城乡规划法》的规定,村庄规划应当包括住宅、道路、供水、排水、供电、垃圾收集、畜禽养殖场所等农村生产、生活服务设施和公益事业等各项建设的用地布局、建设要求。

村庄交通与道路系统规划是村庄规划的核心问题之一,规划设计的好坏对村庄今后的发展影响深远。该规划的主要内容和目的是:分析村庄用地产生的不同性质的交通,按照用地特点和功能要求把它们组织到不同的运输系统中去,通过对村庄用地和道路系统的调整,合理地组织村庄交通,使村庄用地的布局、交通的性质要求与道路的功能和能力相互协调,做到村庄交通快捷、方便、安全、经济,取得整个村庄布局和运转的最佳经济效益、社会效益和环境效益。

# 农村道路存在的问题

村庄道路系统布局是否合理,直接关系到村庄是否可以合理、经济地运转和发展。通过分析,村庄道路系统在以下几个方面存在普遍性问题:

(1)缺乏系统性研究,表现在就交通论交通,未将村庄交通置于更大范围去考量,整体性较差;同时缺乏对村庄自身所特有的摩托车系统、步行系统的研究。

(2)道路交通技术指标不能满足发展需求,表现在道路面积比例偏低、道路非直线系数超出范围、道路网密度不足、道路间距过大等。

(3)难以满足地面排水与工程管线布置的要求,主要表现在村庄内部街巷很小,只能采用雨污合流排水体制;电力、电信线沿住宅建筑外墙架设,杂乱无序。

(4)道路交通设施严重不足,村庄发展缺乏后劲。因此,需要考虑停车场地和干道交叉口的拓宽、广场及大型公共建筑交通空间的预留、加油站的布设、公交站点的合理布局等问题。

(5)缺乏村庄道路景观设计的意识。目前的村庄道路规划只考虑了村庄道路的交通性,未充分重视道路景观的生活服务性和观赏性。村庄道路空间是村庄基本空间环境的主要构成要素。村庄道路空间的组织直接影响村庄的空间形态和村庄景观,村庄道路既是村庄街巷景观的重要组成部分,又在一定程度上成为表现农村面貌和建筑风格的媒介。村庄道路不仅用于交通运输,而且对村庄景观的形成有着很大的影响。如对临水的道路应结合岸线精心布置,使其既是街道,又是人们游览休息的地方;当道路的直线路段过长,使人感到单调和枯燥时,可在适当地点布置广场和绿地,配置建筑小品;对山区村庄,道路竖曲线要以凹形曲线为主,以给人赏心悦目的感觉。

# 新农村道路建设中应关注的几个问题

(1)在新农村道路建设中应注意统筹规划,因地制宜,量力而行,注重实效。新农村道路交通发展要与小城镇建设紧密结合,道路建设与养护管理、运输发展协调安排,做到规模适当、结构合理、经济适用。在统一规划指导下,根据农村地理条件、经济水平、交通需求、资金供给和道路使用功能,要恰当利用地形,合理选择路线方案、技术指标和路面结构形式。在项目实施安排中,先易后难,先急后缓,突出建设重点,明确建设任务,做好示范带动,讲究重点突破,分步有序地推进农村道路的各项工作。切忌急于求成和贪大求高,切不可因农村道路建设增加乡村债务负担。

(2)在新农村道路建设中应科学制定规划,完善交通网络建设,加大薄弱地区的农村交通建设力度。交通规划目标要有科学性、实用性,要与乡村建设规划相统一,与地方群众的积极性相结合,与经济发展目标相适应,要克服盲目性和随意性。一是打通镇至县城或出县境与外县的连接线,发展县域经济。二是接通断头路,尽可能避免迂回线路,缩短里程,降低成本,提高效率,建立四通八达的交通网。三是做到村村、屯屯通道路。

(3)要大力加强道路管理,完善养护体制。必须从农村交通的实际出发,强化路政管理,实行"县管、乡办、群养"的管理体制,探索一条道路建设、道路运输管理、道路养护一体化的农村道路管养体制,使农村道路长久地发挥支农、扶农、惠农的作用,最大限度地发挥农村道路的社会效益和经济效益。

(4)着重确保新农村道路建设工程质量和效益,注重生态环境保护。要合理确定农村道路建设的规模和速度,把道路的工程质量和效益质量放在第一位,做到"建成一条路,带动一方经济"。县乡两级交通部门要以高度负责的态度,抓交通工程质量,真正做到优化设计、精心施工,加强管理,抓好工程质量管理的每个环节。同时将"以人为本"的思想贯穿到质量管理的整个过程。在农村道路建设中要尽可能防止和减少对自然、生态和人居环境的影响,注意保护人文景观和文化传统,保持农村历史文脉和健康的民风民俗。道路修建要坚持文明施工、文明作业。因地制宜推进农村道路绿化、美化。大力推广车辆节能技术,鼓励发展和使用经济、适用、节能、安全的运输车辆,降低能耗,减少污染,使交通工程与生态环境、农村的自然景观相结合,使农村交通基础设施与乡村的自然环境融为一体,使农村道路交通与生态、环境、资源和当地经济发展相协调，形成农村道路交通与自然生态环境和经济发展相和谐的发展机制，增强农村道路交通可持续发展能力。

# 加强新农村道路建设可采取的措施和途径

（1）要增加政府对新农村道路建设的财政投入。农村道路是服务于农业和国民经济发展的公共产品，应建立以财政投入为主的农村道路交通投资机制。政府在农村道路建设中要发挥主导作用。同时建立政府对农村道路建设较为稳定的投资来源。逐步形成公共财政框架下政府为主、农村为辅、社会各界共同参与的多渠道农村道路投资新机制。具体就是把农村道路、客运站点建设及道路维护管理投资纳入政府财政预算，作为新农村公共财政支出的经常性项目和重点支持的公共设施，逐年加大投资支持力度。通过大路带小路、重点路带动农村资源开发。

（2）要利用好市场和各种政策扶持的优势，通过多渠道筹集新农村道路建设资金。要调动各方面积极性，拓宽筹资渠道，通过向上争取一点，县、乡配套一点，市场运作一点，群众筹集一点等"四个一点"的办法，多渠道筹资。特别是要发挥市场主体作用，动员沿线受益企业、干部和职工捐资，实行争取中央扶持一点、各级政府筹措一点、社会各界捐助一点、道路沿线受益企事业单位和受益群众投入一点、包扶单位支持一点、政策优惠补偿一点等办法，扩大新农村道路交通建设资金来源。在大力抓好各项交通费征收的同时，积极向上级争取各种扶贫优惠政策和资金；通过相关部门内部挖潜，压缩各种经费开支来支持乡村道路建设；广泛发动相关部门及社会各界人士带头捐资。对在乡村道路建设"热情高、劲头足、效果好"的地方加大各级政府的财政补贴。

（3）要坚持改革创新，完善新农村道路交通管理和发展的制度保障机制。一是建立健全农村道路质量保证体系，实行道路建设全过程质量控制,确保农村道路的可靠性和耐久性。二是在各级政府中建立目标责任,建立起可供量化的考核目标,给予交通发展制度保障。三是规范农村道路建设招标投标制、工程监理制和合同制,提高农村道路建设资源配置效果。四是在落实各级政府养护管理主体责任的基础上,按照政企分开、管养分离的原则,推进道路养护社会化、市场化。同时强化农村道路路政管理。五是健全农村道路运输市场准入规则,加强市场运行监督,整治市场秩序,加快形成统一、开放、竞争、有序的市场环境。

(4)要在"村村通"建设中充分发扬民主,调动群众的积极性,有效降低道路建设成本。在进行新农村道路的建设上,要尊重农民的意愿,实施民主决策,不搞面子工程,不搞政绩工程,不搞大拆大建,修农民愿意修的路,修农民能够得到实惠的路。各级政府要由"为民做主"变为"让民做主",转变工作方式,鼓励农民投工投劳,降低道路的建设成本。

# 农村道路建设知识问答

**(一)农村道路的功能是什么?**

(1)供行人车辆通行。

(2)铺设市政管线,如给水、排水、电线、通信管线等。

(3)提供休闲、交往空间。

(4)结合绿化,美化村庄。

**(二)农村道路分为哪些等级?**

村庄道路是村域中担负交通的主要设施,是行人和车辆往来的专用地。按其功能和作用可分为城镇干道、村级主干路、村级次干路、村级支路、村级巷道五级。

(1)城镇干道。城镇干道是以满足交通运输需求为主要功能的道路,承担村域主要的交通流量及与对外交通的联系,一般位于村庄组团的外围。

（2）村级主干路。村级主干路是村域中主要的常速交通道路，主要为相邻组团之间和与城镇中心区的中距离运输服务，是联系村域各组团及城镇对外交通枢纽的主要通道。主干路在村庄道路网中起骨架作用。村级主干路一般位于村庄组团的中心位置。

（3）村级次干路。村级次干路是村庄各组团内的主要干道，次干路联系城镇干道和主干路，组成村庄干道网。

（4）村级支路。村级支路以生活性服务功能为主，在交通上起汇集性作用，可分为交通性巷道和生活性巷道。

（5）村级巷道。村级巷道是直接为用地服务的生活性道路。

**（三）新农村建设中村庄道路系统需要解决的主要问题有哪些？**

（1）村庄交通系统是村庄的社会、经济和物质结构的基本组成部分。村庄交通系统把分散在村域内的生产、生活活动连接起来，在组织生产、安排生活、提高村庄客货流的有效运转及促进村域经济发展方面起着十分重要的作用。村庄的布局结构、规模大小，甚至村庄的生活方式都需要交通系统的支撑。

（2）村庄道路系统是村庄交通系统的一个重要组成部分。村庄交通系统是村庄大系统中的一个重要子系统，体现了村庄生产、生活的动态的功能关系。村庄交通系统是由村庄运输系统（交通行为的运作）、村庄道路系统（交通行为的通道）和村庄交通管理系统（交通行为的控制）组成的。

（3）村庄道路系统是村域范围内由不同功能、等级、区位的道路，以及不同形式的交叉口和停车场等设施，以一定方式组成的有机整体。村庄道路系统既是组织村庄各种功能用地的"骨架"，又是村庄进行生产和生活的"动脉"。村庄道路系统一旦确定，实质上就决定了村庄发展的轮廓、形态。这种影响是深远的，在一个相当长的时期内都将发挥作用。

**（四）对于一个村庄道路系统的优劣，可从哪些方面进行评判？**

（1）是否满足组织村庄各部分用地布局的要求。规划中对交通性道路应尽可能选直线，并在道路两旁布置较为开敞的绿地；对于生活性道路,则应该充分结合地形,与村庄绿地、水面、主体建筑、村庄的特征景点组成一个整体,给人们以强烈的生活气息和美的享受。

(2)是否满足村庄交通运输的要求。道路的功能必须同道路两旁及两端的用地的性质相协调。村庄道路系统应完整,交通流量应均衡分布;要有利于实现交通分流、快慢分流和机非分流;应与村庄对外交通有便捷的联系。

(3)是否满足村庄环境的要求。村庄道路的走向要有利于通风,有利于抵御台风等灾害性风的正面袭击,有利于建筑用地取得良好的朝向。

(4)是否满足各种工程管线布置的要求。村庄道路应根据工程管线规划,为管线的敷设留有足够的空间,同时道路系统规划还应与村庄人防工程规划密切配合。

**(五)农村的道路规划应遵循哪些原则?**

(1)根据地形、气候、用地规模和用地四周的环境条件,以及居民的出行方式,应选择经济、便捷的道路系统和道路断面形式;

(2)使整个村庄内外联系通畅、安全,并适于消防车、救护车、商店货车和垃圾车等的通行;

(3)有利于村庄内各类用地的划分和有机联系,以及建筑物布置的多样化;

(4)村庄内除主要道路可供过境车辆通行外,其他道路避免过境车辆的穿行,当公共交通线路引入村庄道路时,应减少交通噪声对居民的干扰;

(5)在地震烈度不低于六度的地区,应考虑防灾救灾要求;

(6)满足村庄的日照通风和地下工程管线的埋设要求;

(7)原有村庄改造时,其道路系统应充分考虑原有道路的特点,保留和利用有历史文化价值的街道;

(8)考虑农用车和村民小汽车的通行;

(9)便于寻访、识别和街道命名;

(10)在多雪地区,应考虑堆积清扫道路积雪的面积,道路宽度可酌情放宽,但应符合当地城市规划管理部门的有关规定。

村庄内道路纵坡应符合表 3-1 的规定。

表 3-1　村庄内道路纵坡

| 道路类别 | 最小纵坡 | 最大纵坡 | 多雪严寒地区最大纵坡 |
|---|---|---|---|
| 机动车道 | 大于 0.3% | 小于 8.0% | 小于 5.0% |
| 非机动车道 | 大于 0.3% | 小于 3.0% | 小于 2.0% |
| 步行道 | 大于 0.5% | 小于 8.0% | 小于 4.0% |

机动车与非机动车混行的道路,其纵坡宜按非机动车道要求,或分段按非机动车道要求控制。

山区和丘陵地区的道路系统规划设计,应遵循下列原则:

(1)车行和人行宜分开设置,自成系统;

(2)路网形式应因地制宜;

(3)主要道路宜平缓;

(4)路面可酌情缩窄,但应安排必要的排水边沟和会车位,并应符合当地城市规划管理部门的有关规定。

村内道路设置,应符合下列规定:

(1)村内主要道路至少应有两个出入口且有两个方向与外围道路相连,机动车对外出入口数应控制,其出入口间距不应小于 150 m;

(2)村内道路与过境道路相接时,交角不宜小于 75°,当村内道路坡度较大时,应设缓冲段与城市道路相接;

(3)在村内公共活动中心,应设置为残疾人通行的无障碍通道,通行轮椅的坡道宽度不应小于 2.5 m,纵坡不应大于 2.5%;

(4)村内尽端式道路的长度不宜大于 120 m,并应设置不小于 12 m×12 m 的回车场地;

(5)当村内用地坡度大于 8% 时,应辅以梯步解决竖向交通问题,并宜在梯步旁附设推行自行车的坡道;

（6）在多雪严寒的山坡地区，村内道路路面应考虑防滑措施，在地震设防地区，村内的主要道路宜采用柔性路面；

（7）村内宜考虑村民小汽车和农用车的停放。

**（六）道路建设前应该先做哪些工作？**

道路建设前期，必须具体确定道路的位置、各组成部分的布设及其几何尺寸等，即需进行勘测设计工作。

**（七）道路的主要技术指标有哪些？**

（1）设计速度；

（2）车道数、行车道宽度、路基宽度；

（3）平曲线极限最小半径；

（4）最大纵坡；

（5）车辆荷载等。

**（八）农村道路的技术指标怎么确定？**

农村道路建设的技术指标应当根据实际情况合理确定。对于工程艰巨、地质复杂路段，在确保安全的前提下，平、纵指标可适当放宽，路基宽度可适当减窄。

**（九）设计速度的作用是什么？**

设计速度是决定道路几何线形的基本要素，它作为道路设计的基本依据，直接或间接地决定了汽车行驶的曲线半径、超高、视距、纵坡、合成坡度、路幅宽度和竖曲线设计等。所以，它是体现道路等级的一个重要指标。

设计速度与车辆的行驶速度是两个不同的概念。

**（十）一般农村道路建设的技术要求有哪些？**

村道的建设标准，特别是路基、路面宽度，应当根据当地实际需要和经济条件确定。

农村道路建设应当充分利用现有道路进行改建或扩建。桥涵工程应当采用经济适用、施工方便的结构形式。路面应当选择能够就地取材、易于施工、有利于后期养护的结构。

农村道路建设应坚持"因地制宜、量力而行、节约土地、保护环境、保证质量、注重安全"的原则,逐步改善农村交通条件,提高服务水平;农村道路通过村镇的路段应考虑村镇的特殊需求,应与小城镇建设相结合;农村道路建设标准及技术指标的选择,应符合有关标准规范的规定。

**(十一)条件受限制的地段道路建设技术要求有哪些?**

(1)对于受地形、地质等自然条件和经济条件限制的路段,可按照《农村道路建设暂行技术要求》执行,也可结合当地实际和经济发展水平,制定适用当地的农村道路技术标准。

(2)受限路段设计速度可采用 15 km/h,回头曲线路段设计速度可采用 10 km/h。

(3)不同设计速度相邻路段,设计速度差不应大于 20 km/h。

(4)受限路段净高不应低于 3.5 m。

(5)受限路段停车视距不应小于 15 m,会车视距不应小于 30 m,超车视距不应小于 80 m。

(6)设计速度采用 15 km/h 时,圆曲线最小半径不应小于 15 m。

(7)当采用最小半径时,纵坡不应大于 5%,超高不应大于 6%。

(8)回头曲线设计速度采用 10 km/h 时,最小半径不应小于 10 m,超高和加宽缓和段最小长度不应小于 15 m,单车道路面加宽最小值不应小于 2.5 m,纵坡不应大于 5.5%,超高不大于 6%。

(9)新建道路最大纵坡不宜大于 10%;改建道路最大纵坡不宜大于 12%,特殊情况下可视当地条件确定;海拔 2 000 m 以上或积雪冰冻地区最大纵坡不应大于 8%。

(10)新建道路不同纵坡坡度的最大坡长应符合表 3-2 的规定。

表 3-2 不同纵坡坡度的最大坡长

| 纵坡坡度(%) | 5 | 6 | 7 | 8 | 9 | 10 |
|---|---|---|---|---|---|---|
| 最大坡长(m) | 1 100 | 900 | 700 | 500 | 350 | 200 |

（11）当新建道路越岭路线连续上坡（下坡）路段平均纵坡大于6%时，应在不长于2 km处，设较平缓的缓和坡段，缓和坡段的纵坡不应大于3%，长度不小于40 m。

**（十二）农村道路压实度要求有哪些？**

农村道路采用水泥或沥青路面的，其路基压实度应符合表3-3的要求；路基压实度达不到表3-3要求的路段，宜采用砂石等其他路面结构类型。

表3-3　压实度最小值

| 填挖类别 | 填方 | | | 零填及挖方 |
|---|---|---|---|---|
| 路床顶面以下深度（m） | 0～0.3 | 0～0.8 | 0.8～1.5 | >1.5 |
| 压实度（%） | 94 | 94 | 93 | 90 |

单车道路面宽度不应小于3.0 m，双车道路面宽度不应小于5.5 m。

路面类型应根据当地自然条件、地产材料和工程投资等情况确定。季节性的宽浅河流、泥石流路段可修建过水路面；山势险峻、急弯、陡坡路段宜采用砂石或其他摩阻系数大的路面；通过村镇的路段一般应采用水泥或沥青路面。路面结构层厚度不应小于表3-4规定的厚度值。

表3-4　路面结构层厚度

| 路面形式 | 结构层类型 | 结构层最小厚度值（mm） |
|---|---|---|
| 水泥路面面层 | 水泥混凝土 | 180 |
| 沥青路面面层 | 沥青混凝土 | 30 |
| | 沥青碎石 | 30 |
| | 沥青贯入 | 40 |
| | 沥青表面处治 | 15 |

| 路面形式 | 结构层类型 | 结构层最小厚度值(mm) |
|---|---|---|
| 其他路面 | 砖块路面 | 120 |
| | 块石路面 | 150 |
| | 水泥混凝土块路面 | 100 |
| | 砂石路面 | 100 |
| 路面基层 | 水泥稳定类 | 150 |
| | 石灰稳定类 | 150 |
| | 工业废渣类 | 150 |
| | 柔性基层 | 150 |

## (十三)农村地区联系性道路的作用是什么?

一是直接拉动和促进了国民经济的持续增长。道路建设的投资具有乘数效应,道路交通的投资是基础设施建设的投资,必然会带动相关产业的发展,比如对机械、建材、物流等产业都具有很强的拉动效应。

二是推动了产业升级和空间布局优化。道路交通发展形成的快速通道,使人流、物流在空间和时间上拉近,道路建设能够促进形成区域性的规模经济,同时道路的快速发展,也带动了汽车业及其他相关产业的发展。

三是促进了区域的协调发展。加快农村道路建设有利于打通发达地区和欠发达地区的运输通道,直接推动欠发达地区与发达地区的融合,促进改善投资环境。

四是推动了城镇化的建设。农村道路的建设和发展,有助于增强道路沿线商业化、产业化的交通区位优势;能够促进和加快城镇化进程,提升城市功能及人口吸纳能力。

五是创造了大量的就业机会。经过测算,在道路交通 1 亿元的投资,能够直接产生约1 800个就业岗位,间接的就业岗位为2 000多个。

六是带动了旅游业快速发展。道路交通的快速发展改善了人们的出行和旅游条件与环境。农村道路的建设改善了农村交通环境和条件,带动和促进了"自驾游"、"农家乐"农村旅游的发展。

七是加快贫困落后地区的脱贫致富。近年来,我国通过实施西部大开发战略,加快了通县道路的建设,实施"村村通"、"通达工程"、"通畅工程"等重大举措,有效地促进了城乡区域间的交流,带动了贫穷落后地区的经济发展。

**(十四)乡村道路日常养护应达到什么样的标准?**

(1)路基坚实稳定,路肩平整,与路面接茬平顺,边缘顺适;边坡稳定平顺,坡度符合规定;边沟、排水沟排水畅通;防护设施完好。

(2)路面平整完好,清洁无杂物,横坡适度,排水畅通。

(3)过村路段排水设施因地制宜,保证路面无积水。

(4)桥面排水畅通,清洁无杂物;涵洞完好,无淤塞、开裂、漏水现象,翼墙完整、坚固;漫水桥和过水路面过水畅通,无堆积物和漂浮物阻塞。

**(十五)道路突发性自然灾害造成道路和桥涵损失时怎么办?**

乡(镇)政府对乡村要组织人力物力及时修复,并应及时向县政府及交通局报告,并在相应路段设立明显标志,派专人负责,指挥车辆通行,保证道路安全畅通。

**(十六)乡(镇)政府对辖区内乡村道路的桥梁、涵洞和不良地质路段应怎样监管?**

乡(镇)政府要对辖区内乡村道路的桥梁、涵洞和不良地质路段每季度进行一次检查,汛期要随时查看和采取应对措施。交通局对乡村道路的桥梁、涵洞和不良地质路段每半年进行一次检查,汛期发生灾害时指导乡(镇)政府尽快修复保障畅通。

**(十七)除进行乡村道路建设、养护和设置交通安全设施外,禁止在乡村道路和乡村道路用地范围内从事哪些行为?**

(1)设置线杆、铁塔、变压器,沿村道路埋设地下管线等永久性设施；

（2）设立集贸市场或设置棚屋、摊点和其他临时性设施；

（3）倾倒垃圾，堆放物料、农作物秸秆，打场、晒粮；

（4）引水、排水、烧窑、制坯、沤肥或者利用道路附属设施和树木悬挂物体、拉钢筋、拴养牲畜等；

（5）其他影响农村道路正常使用的行为。

**（十八）农村区域内道路建筑控制区范围一般是多少？**

农村道路建筑的控制区范围，县道为路缘砖以外 16 m，乡道为路缘砖以外 10 m，村道为路缘砖以外 6 m。

规划和新建村、开发区、集贸市场应在道路一侧进行，距离道路用地以外县道不少于 50 m，乡村道不少于 20 m。

除道路防护、养护需要外，禁止任何单位和个人在道路两侧建筑控制区内修建建筑物和地面构筑物；道路建筑控制区内已有的建筑物和地面构筑物，不得在原地改建、扩建、重建。

在道路两侧建筑控制区内，需要埋设管、线、光（电）缆等设施，或者设置非道路标志、标牌的，必须经县、市交通局批准，并签订协议；道路改建、扩建，需要拆除时，按协议办理。

**（十九）农村道路断面图对比**

以往农村道路横断面形式见图 3-1，就农村道路横断面形式见图 3-2。

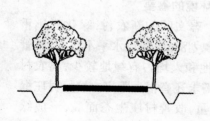

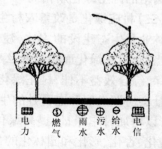

图 3-1　以往农村道路横断面形式　　图 3-2　新农村道路横断面形式

# 第四章 村庄绿地景观系统规划

## 村庄绿地概述

### 一、村庄绿化的重要意义

**（一）村庄绿化是林业系统实践"三个代表"重要思想的具体行动**

有效解决"三农"问题，需要全社会的共同努力，而实施"千村示范、万村整治"工程，通过村庄绿化美化、基础设施建设和社会公益事业建设，可以改善农村的生产生活环境，优化农村区域投资环境，推动农村"三个文明"协调发展。

**（二）村庄绿化是加快国土绿化进程的需要**

各地一定要把村庄绿化作为林业工作的崭新领域和加快国土绿化进程的有力抓手，改善农村面貌，优化人居环境，从总体上构筑以重点林业生态工程为骨架，以城镇、村庄绿化为依托，以绿色通道建设为网络的国土绿化新格局。

**（三）村庄绿化是改善农村生态环境的需要**

林业是生态建设的主体，建设生态文明的新农村，绿化要挑重担。当前，村庄绿化面貌较差，绿化规划滞后，建设水平不高，日常管理无序，综合效益不佳，村庄绿化用地和人均占有绿地较少，离农村经济社会协调发展和老百姓的生态需求还有很大距离。搞好村庄绿化，可以增加村庄绿量，提高绿化质量，改善村庄生态面貌，形成绿化、美化、香化、彩化和园林化的村庄绿化景观，建设一批生态经济发达、生态环境优美、生态家园和谐、生态文化繁荣的农村新社区，为广大农民群众营造一个"蓝天、碧水、绿色、清静"的生产生活环境。

（四）村庄绿化是统筹城乡经济社会全面发展的需要

按照统筹城乡经济社会发展的要求，立足环境建设的实际，我们必须以村庄绿化为突破口，用城市发展的理念指导村庄绿化工作，用园林下乡的方法开展村庄绿化工作，实行城乡绿化一体化，以城带乡，以乡促城，城乡并进，整体推进，推动村庄绿化的跨越式发展。

（五）村庄绿化是林业增效、农民增收和推进农村全面奔小康的需要

林业具有生态、社会和经济三大效益。一位中央领导曾经说过，"绿化是义务、是责任，也应该是利益。没有利益就没有动力，没有动力就没有活力"。在村庄绿化工作中一定要注重发挥绿化的综合效益，在加快村庄绿化步伐、改善村庄环境的同时，促进经济的发展，实现绿化美化结合、三大效益兼顾。

## 二、村庄绿地的分类（参考《村庄与集镇绿地分类标准》）

村庄绿地的分类见表4-1。

表4-1　村庄绿地的分类

| 类别代码 | 类别名称 | 内容与范围 | 备注 |
|---|---|---|---|
| VG₁ | 公共绿地 | 向公众开放，以游憩为主要功能，兼具生态、美化作用的绿地 | 如小游园、沿河游憩绿地、街旁绿地和古树名木周围的游憩场地 |
| VG₂ | 防护绿地 | 具有卫生、隔离和安全防护功能的绿地 | 用于安全、卫生、防风等防护绿地 |
| VG₃ | 住宅绿地 | 宅旁绿地和庭院绿地 | |
| VG₄ | 公建绿地 | 公共建筑用地内的绿地 | |
| VG₅ | 道路绿地 | 主要道路内的绿地 | |
| VG₆ | 其他绿地 | 村庄周围对生态景观和环境有直接影响，以及具有观光、休闲、体验功能的绿地 | 风景林地、果园、苗圃和"农家乐"休闲绿地 |

### 三、村庄绿化工作存在的问题

#### (一) 认识不到位

部分村干部由于对村庄绿化认识不够,对绿化工作不重视,主动性不强,积极性不高。群众认识不到位,主动参与意识不强。

#### (二) 绿化规划不科学,盲目追求城市化

有些村庄在绿化工作中追求形式,盲目学城市,种植高档绿化花木和草坪,短期内把村庄变成了公园,从长远看,高昂的养护成本却增加了村庄的负担。由于农村目前还不具备城市绿化具有的专业水平的管护人员和足够的管护经费,一般的村庄,集体积累并不充足,而草坪以及一些高档花木,不仅购买种苗时价格高昂,而且需要经常养护。

#### (三) 绿化管护不力

不少村庄绿化后第一年还可以,到了第二年绿化的树木就保存的不多,不是人为破坏,就是管护跟不上,造成苗木死亡,绿化成果得不到巩固。

# 村庄绿地布局

## 一、村庄绿地布局的指导思想

在村庄绿地规划设计中要贯彻"以人为本、人与自然共存"的思想。充分考虑村民的行为感受与生活需求,合理安排各项绿地,尊重地形、地貌与原有的自然资源,构筑优美、宜人的绿化与亲土环境,充分发挥绿地对环境的改善作用;要以现代乡村园林绿化理论指导绿化规划设计,改善乡村的环境,使其与道路、建筑物等互相协调,创造优美的村庄景观;要尊重自然、注重环境的生态性;要注重体现当地的区域特征,若村庄周围有人文历史景观,绿地规划应当与保护这些先人留下的物质或人文遗产相结合,在保护的基础上加以开发利用。

## 二、村庄绿地布局的基本原则

### (一)整体协调,统一规划

村庄绿化要体现整体协调和统筹城乡一体化绿化的观念。要把村庄绿化规划纳入县域的城镇体系规划、村庄布局规划和乡镇的村庄布局规划等各层次的规划,村庄绿化的布局、绿化用地安排等要与各部门的专项规划进行整体协调。在编制村庄规划时,要对道路、居住区等各种绿地类型进行总体布局,统一规划。

### (二)分类指导,分步实施

要根据各地自然环境和经济水平对村庄划分类型,在规划时对绿化提出相应的要求。同时,道路、河道、庭院等也要根据其不同的特点进行有针对性的规划。在规划时,要立足实际,先易后难,循序渐进,逐步提高。要选择重点地段作为突破口先行绿化美化,再向一般地段推进。

### (三)生态优先,兼顾经济

要以改善村庄的生态环境作为规划第一目标,优先考虑绿化的生态效益,树种选择要以乔木为主,营造村庄森林生态系统。在确保生态目标的同时,要合理配置树种,创造景观效益,把生态园林理念融入村庄绿化规划中,发挥绿化的美化作用;要充分利用房前屋后隙地规划发展小果园、小花园、小药园、小竹园、小桑园等,发挥绿化的经济效益。

### (四)因地制宜,反映特色

规划要与当地的地形地貌、湖泊河流、人文景观相协调,针对不同村庄相异的气候、地形、建筑特点,采用多样化的绿地布局,不千村同面;对路旁、宅旁、水旁和高地、凹地、平地等采取灵活多样的绿化形式,不千篇一律。规划要自觉保护、发掘、继承和发展各地村庄的特色,充分展示乡村风光。

### (五)合理分布,节约用地

绿化在村庄内的生产、生活区要合理分布,布置于整个村庄,形成布局均衡、富有层次的绿地系统。我国人多地少,因此绿化建设用地要统一规划,节约用地。一些不适宜建筑和道路交通的较复杂的、破碎的地段要尽量利用,见缝插绿。

**(六)保护为先,造改结合**

在村庄绿化规划过程中,要严格保护好风景林、古树名木、围村林、村边森林等原有绿化,在规划中要将其融入村庄绿化规划中。在绿化实施过程中,要改造与新建结合,充分利用原有绿地。在基础设施建设时,要做到绿化与建筑施工同步,避免绿化滞后的被动局面。

## 三、村庄绿地布局形式

**(一)块状均匀布局**

以较大的公园绿地为主,均衡分布于村庄区域。块状均匀布局类型适用于新建规划村庄或村庄内部现有宜建公园绿地用地的村庄。针对各种布局形式的村庄,在用地选择上要考虑绿地的服务半径辐射范围,对于组团状布局形式的村庄来说,块状绿地宜分布在村庄的中心区域。

**(二)散点状均匀布局**

以大量的小块绿地分布于村庄当中,每处投资少,可简可繁,水平和标准有高有低,人们可就近方便地到达绿地休憩。散点状均匀布局类型适用于缺少宜建公园绿地用地的村庄或块状绿地布局服务半径不足的区域。

**(三)块状和散点状相结合布局**

大块公园绿地结合小块散点绿地,均衡地布置在村庄中,是一种较为理想的布局形式。块状和散点状相结合布局的类型适用于村庄内部现有宜建公园绿地用地且绿化投入较大的村庄。

**(四)网状布局**

沿村庄中河、溪,不同功能分区的隔离带、道路绿化带,组成线形带状绿地,在村庄中均匀分布呈网状,构成联系的网状绿化系统,使村庄中形成较完整的步行系统。这也是较为理想的布局方式。网状布局类型适用于村庄内部交通网络密集或有水系贯穿的村庄。

### (五) 环状布局

沿村庄四周建成环状绿地,形成优美的村庄环境。这种布局方式适合较小规模的村庄,人们均能就近到达绿地,绿地呈连续的环状,成为一条环绕村庄的运动和散布的履带。环状布局类型适用于规模较小且村庄由中心向四周逐步发展的村庄。针对规模较小的块状布局形式的村庄和组团状布局形式的村庄组团周围建成环状绿地,在功能上起到防护的作用。

### (六) 放射状布局

绿地以放射状从中心向外放射,和村庄边缘的绿地、自然环境相联系,利用绿化可将村庄划分成若干功能不同的区域,减少区域之间的干扰和污染。放射状布局类型适用于内部有第二、第三产业的发展,存在功能区划的村庄。

# 村庄绿化树种花卉的选择

## 一、植物选择与配置

植物选择是村庄绿地规划的一个重要组成部分。植物选择就是选择一批最适应当地自然条件,有利于环境保护并结合生产、满足绿地中各种不同功能要求的树种。

### (一) 以乡土树种为主

在绿化树种选择上,要以乡土树种为主,乡土树种要达到绿化树木数量的70%以上,乡土树种充分体现了绿化树种的选择原则。一是乡土树种适应当地的气候条件,与当地其他物种已经形成了食物链网关系,有效缓解病虫害,保证了成活与保存率。二是乡土树种充分代表了当地的文化特色和地域特色,乡土树种是经过长时间沉淀积累下来的适宜本土生长的植物种类,一草一木、一水一石都与当地生活、文化密切相关。三是乡土树种运输费用以及种植费用低,维护管理成本也低。为了增加生物多样性及观赏性,要适当地引进部分外来树种。

**（二）树种配置**

（1）树种配置要做到因地制宜、适地适树,乔、灌、草、花相结合。

（2）乡村道路、河流两侧的树木一般采用列植,村旁和宅旁一般采用丛植、群植。乡村的村头及显要部位,配置具有本地代表性的孤植树木,该树木树龄要高,树体要大,树形要奇特。

（3）进入乡村路口两侧一般采用花境进行过渡,乡镇政府、大型企业、村民住宅和公共广场的入口及内部布置花丛花坛、模纹花坛。

（4）乔木树种作为乡村绿化的骨干树种,要选择树干通直、树姿端庄、树体优美、枝繁叶茂、冠大荫浓、花艳芳香的树种,还要考虑体现当地的地域文化特色。并且速生树种与慢生树种相结合,速生树种可以在短期内发挥生态保护功能及景观效果,但是寿命短,慢生树种虽然生长慢,但是寿命长,二者应合理搭配。速生树种选择落叶阔叶树,如杨柳、梓树、椴树、火炬树等,慢生树种选择常绿针叶树和阔叶树,如松、柏、云杉类及槭树类。选择的灌木花期要长,春秋叶色变化明显,如茶条槭、紫叶李、玫瑰、接骨木、绣线菊、卫茅等。

（5）为了扩大种源,增加生物多样性和群落的稳定性,可以积极引入一些当地相对缺少,而又能适应当地气候条件、经济价值高、观赏价值高的外来树木品种。但必须经过驯化引种实验,才能推广应用。

（6）由于乡村绿化没有专业的园林管理员,因此选择的景观植物首先要有较强的抗逆性及一定的耐干旱、耐瘠薄性,其次考虑其观赏性和生态保护功能。村屯周边配置杨柳树时,要用雄性植株,减少飞絮污染。

（7）为了降低绿化成本,选择树种时一定要考虑当地及周边的绿化苗木市场行情和各种绿化苗木的供应数量,不要因为苗木价格过高,造成绿化成本攀升。

(8)通过科学、合理的配置,形成春花、夏绿、秋色(果)、冬姿的景观效果。

## 二、植物多样性保护与建设规划

### (一)原则

以地带性和乡土树种为主,适当引进外来树种;适地适树,优先选择抗逆性强和管理粗放的树种;生态功能与景观效果并重,充分考虑经济效益和农村的实际,以乔木为主,乔、灌、藤、草相结合,并适当种植农家时令蔬菜。

### (二)目标

(1)培育村庄的植物景观特色,满足全村人民文化娱乐、休闲、亲近自然的要求。

(2)优化绿化树种结构,提高绿化植物改善生态环境的机能。

(3)引导绿化苗木生产从无序竞争进入有序发展。

(4)构筑全村绿色空间的艺术风貌,充分展现个性和地方特色。

## 三、绿化树木有害生物防治

绿化工作是三分种、七分管,除防止人为破坏外,防治有害生物和气象灾害也是管理的重要内容。每个村屯要设有专、兼职绿化护林员,定期检查树木的病虫鼠害和气象灾害。发现有害生物发生时要及时喷药治理,发生干旱及时浇水。对耐寒差的引进树种要做好前期管理,保证及时的水肥供应,亦可以早期追肥和根外追肥,补给养分,以尽量使树体恢复生长。对受冻害树体要晚剪和轻剪,给予枝条一定的恢复时期,对明显受冻枯死部分可及时剪除,以利于伤口愈合。对受冻造成的伤口要及时喷涂白剂预防日灼,同时做好防治病虫害和保叶工作。为减少病虫危害,新植树木在秋季要刷白。

# 专业名词解释

## （一）公共绿地

根据《中华人民共和国城乡规划法》，"乡规划、村庄规划的内容包括公益事业等各项建设的用地布局、建设的要求"。其中"公益事业等各项建设的用地"应该包括乡和村庄的绿化用地。随着全国新农村建设的开展，《村庄整治技术规范》（GB 50445—2008）和各地制定的新农村建设导则对村庄公共环境提出了相应的要求，要求靠近村委会、文化站及祠堂等公共活动集中的地段设置公共活动场所。公共活动场所整治时应保留现有场地上的高大乔木及景观良好的成片林木、植被，保证公共活动场所的良好环境；并配套设置坐凳、儿童游玩设施、健身器材、村务公开栏、科普宣传栏及阅报栏等设施，提高综合使用功能。公共活动场所一般就是村中的公共绿地。实际调查中，许多条件较好的村庄结合村口和公共中心、村中的古树名木或沿主要道路和水系布置绿地，适当布置桌椅、儿童活动设施、健身设施等满足村民休息、娱乐需要。其规模一般不大，因地制宜建设，具有公共绿地的性质。

## （二）防护绿地

依据《村镇规划卫生标准》（GB 18055—2000），要求住宅用地与产生有害因素的企业、场所之间有卫生防护距离，并在严重污染源的卫生防护距离内设置防护林带。同时考虑村庄其他隔离、安全的要求而设置防护绿地，其功能是对自然灾害和其他公害起到一定的防护或减弱作用，不宜兼作公共绿地使用。

## （三）公建绿地、住宅绿地、道路绿地

考虑到乡集镇、村庄用地主要是公建用地、住宅用地、道路用地，其附属绿地较大影响村镇景观和居民生活，应该考虑设置。其中住宅绿地各家可结合自身特点，灵活设置。

## （四）其他绿地

其他绿地是指位于村庄建设用地以外、规划区范围以内的生态、景观、旅游和娱乐条件较好的区域，一般是植被覆盖较好、山水地貌较好的区域。这类区域既可以影响镇区、村庄的景观风貌，为居民提供良好的环境，也可为城市居民提供休闲、度假、教育等现代休闲、观光农业场所。由于上述区域与镇区、村庄景观和居民的关系较为密切，故应当按规划和建设的要求保持现状或定向发展，一般不改变其土地利用现状分类和使用性质。

其他绿地不能替代或折合成为镇区、村庄建设用地中的绿地，它只是起到功能上的补充、景观上的丰富和空间上的延续等作用，使镇区、村庄能够在一个良好的生态、景观基础上进行可持续发展。其他绿地不参与建设用地平衡，它的统计范围应与乡规划、村庄规划用地范围一致。

## （五）乡土树种

本地区原有天然分布的树种。

## （六）根外追肥

根外追肥又称叶面施肥，是将水溶性肥料或生物性物质的低浓度溶液喷洒在生长中的作物叶上的一种施肥方法。可溶性物质通过叶片角质膜经外质连丝到达表皮细胞原生质膜而进入植物体内，用以补充作物生育期中对某些营养元素的特殊需要或调节作物的生长发育。

根外追肥的特点是：①作物生长后期，当根系从土壤中吸收养分的能力减弱时或难以进行土壤追肥时，根外追肥能及时补充植物养分；②根外追肥能避免肥料土施后土壤对某些养分（如某些微量元素）所产生的不良影响，及时矫正作物缺素症；③在作物生育盛期当体内代谢过程增强时，根外追肥能提高作物的总体机能。根外追肥可以与病虫害防治或化学除草相结合，药、肥混用，但混合不致产生沉淀时才可混用，否则会影响肥效或药效。施用效果取决于多种环境因素，特别是气候、风速和溶液持留在叶面的时间。因此，根外追肥应在天气晴朗、无风的下午或傍晚进行。

### (七)抗逆性

抗逆性是指植物具有的抵抗不利环境的某些性状,如抗寒、抗旱、抗盐、抗病虫害等。自然界一种植物出现的优良抗逆性状,在自然条件下很难转移到其他种类的植物体内,主要是因为不同种植物间存在着生殖隔离。

### (八)骨干树种

根据不同功能类型的绿地,选用具有不同使用和景观价值的树种,并在不同的园林类型中起骨干作用的树种。

### (九)模纹花坛

模纹花坛也叫毛毡花坛或模样花坛,此种花坛是以色彩鲜艳的各种矮生性、多花性的草花或观叶草本为主,在一个平面上栽种出种种图案来,看去犹如地毯,花坛外形均是规则的几何图形。

植物的高度和形状与模纹花坛纹样表现有密切关系,是选择材料的重要依据,以枝叶细小、株丛紧密、萌蘖性强、耐修剪的观叶植物为主,如半枝莲、香雪球、矮性霍香蓟、彩叶草、石莲花和五色草等。其中以五色草配置的花坛效果最好。在模样花坛的中心部分,在不妨碍视线的条件下,可用其他装饰材料来点缀,如形象雕塑、建筑小品、水池和喷泉等。

### (十)花境

花境是在大中城市公共绿地的花卉应用形式。科学、艺术的花境营造的是"虽由人作,宛自天开"、"源于自然,高于自然"的植物景观,在公园、休闲广场、居住小区等绿地配置不同类型的花境,能极大地丰富视觉效果,满足景观多样性,同时也保证了物种多样性。花境一般利用露地宿根花卉、球根花卉及一二年生花卉,栽植在树丛、绿篱、栏杆、绿地边缘、道路两旁及建筑物前,以带状自然式栽种。花境主要表现的是自然风景中花卉的生长规律,因此花境不但要表现植物个体生长的自然美,更重要的是要展现出植物自然组合的群体美。

**(十一) 孤植**

树木的单位栽植称为孤植,孤植树有两种类型,一种类型是与园林艺术构图相结合的庇荫树。这类树要求冠大荫浓,寿命长。另一种类型是单纯作艺术构图中的孤赏树应用。要求体型端庄或姿态优美,开花繁茂,色泽鲜艳。

**(十二) 丛植**

丛植是指一株以上至十余株的树木,组合成一个整体结构。丛植可以形成极为自然的植物景观,它是利用植物进行园林造景的重要手段。一般丛植最多可由 15 株大小不等的几种乔木和灌木(可以是同种或不同种植物)组成。

**(十三) 群植**

群植又可以叫做树群,从数量上看它比丛植要多,丛植一般在 15 株以内,群植可以达到 20 ~ 30 株,如果连灌木一起算可以更多。

群植与丛植的区别:丛植往往能够显现出各个植物的个体美,丛植中各个单株可以拆散开单独观赏,其树姿、色彩、花、果等观赏价值很高;群植则不必——挑选各树木的单株,而是力图使它们恰到好处地组合成整体,表现出群体的美。此外,树群由于树木株数较多,整体的组织结构较密实,各植物体间有明显的相互作用,可以形成小气候、小环境。

**(十四) 适地适树**

立地条件与树种特性相互适应,是选择造林树种的一项基本原则。依据生物与其生态环境的辩证统一这一生物界的基本法则提出。造林工作的成败在很大程度上取决于这个原则的贯彻。

# 村庄绿化的植物选择

村庄绿化常用植物见表4-2。

表 4-2　村庄绿化常用植物

| 序号 | 植物 | 习性及用途 |
|---|---|---|
| 1 | 木槿 | 落叶灌木或小乔木。喜光,好水湿,耐干旱,萌芽力强,耐修剪。枝叶繁茂,花朵娇艳,花期长,是良好的夏秋季观花树木。可孤植、丛植、列植,也可作花篱 |
| 2 | 木芙蓉 | 落叶灌木或小乔木。喜光,也略耐阴;喜温暖湿润的气候,不耐寒;忌干旱,耐水湿,在肥沃临水段生长最盛。木芙蓉花大色艳,乡村可广泛栽培观赏 |
| 3 | 柳树 | 落叶乔木。喜光,喜湿,耐盐碱,深根性,生长快,根系发达,耐水湿,枝条下垂,繁殖容易,适应性强。适合于村庄四旁、堤岸栽种 |
| 4 | 欧美杨 | 落叶乔木。喜光,根系发达,适应性强,繁殖容易,耐寒,生长迅速,要求水湿条件好的四旁空地、堤岸栽植 |
| 5 | 野鸦椿 | 落叶灌木或小乔木。幼苗耐阴,耐湿润,大树则偏阳喜光,且耐瘠薄干燥、耐寒性较强;在土层深厚、疏松、湿润、排水良好且富含有机质的微酸性土壤中生长良好。它是一种观赏价值极高的园林绿化树种 |
| 6 | 山杜英 | 常绿乔木。喜光,稍耐阴;喜温暖湿润气候;适生于酸性黄壤、红黄壤、红壤山地;忌积水,萌芽力强,耐修剪,生长较快。杜英四季绿意浓浓,冬春间有鲜红的老叶相衬,加上芳香、繁茂、形态奇美的花序,观赏性高,宜丛植、列植;工矿区绿化和防护林建设可大量应用 |
| 7 | 桤木 | 落叶乔木。喜生于阳光充足、土壤肥沃的水边或山谷;生长快,耐水湿,根系发达,有根瘤菌,叶含氮量高。可用做行道树和庭荫树 |
| 8 | 紫薇 | 落叶小乔木或灌木。喜温暖、湿润、光照充足的环境和疏松、肥沃的土壤,耐旱、怕涝。树姿优美,盛夏繁花竞放,花色艳丽,花期长久,为著名的观花树种。可孤植、群植或列植作行道树,也可盆栽 |

| 序号 | 植物 | 习性及用途 |
|---|---|---|
| 9 | 石榴 | 落叶灌木或小乔木。喜光,耐瘠薄和干旱,怕水涝。枝叶秀丽,花果俱美,且花期较长。地栽、盆栽两宜,很适合阳台盆栽 |
| 10 | 铁树 | 常绿小乔木。喜欢温暖湿润、阳光充足、通风良好的环境,耐强光,耐热,但不耐寒,怕水湿,要求肥沃深厚、酸性腐殖质土壤。四季常青,株形、叶形美观大方,广泛用于室内外的绿色装饰 |
| 11 | 桂花 | 常绿乔木。喜温暖、湿润、光照充足的环境,怕水渍,喜肥。金花香溢,庭园、花园随处可植,对植、丛植均可,也可盆栽欣赏 |
| 12 | 银杏 | 落叶乔木。喜光,耐寒,喜温湿气候;在酸性、中性、钙质土壤上均能生长,在平坦、阳光充足、松润沙壤土生长良好,深根性,畏大风和水涝;抗旱性强,少病虫害,生长慢,寿命长。银杏树姿优美,叶形奇特,是园林绿化的珍贵树种 |
| 13 | 红枫 | 落叶小乔木。喜温暖湿润、气候凉爽的环境,喜光,但忌烈日暴晒,较耐寒,适宜土层深厚、微酸性和富含腐殖质的壤土。常年紫红色,庭园地栽、盆栽均宜 |
| 14 | 三角梅 | 常绿攀缘灌木。喜温暖、湿润、光照充足的环境,不耐寒,喜肥,耐修剪,忌水涝。花开满树,花期长久。是重要的盆栽植物,多作理想的庭园垂直绿化材料 |
| 15 | 络石 | |
| 16 | 迎春花 | 落叶蔓生性灌木。喜温暖湿润的环境,较耐寒,耐旱,忌水涝。早春花开,绿枝黄花,非常美丽。可作花篱、绿篱栽植,宜配植池边悬崖、庭前阶旁 |
| 17 | 金银花 | 半常绿攀缘灌木。耐寒性强,喜光也耐阴,耐干旱及水湿,对土壤要求不严,但最好是深厚肥沃、湿润的沙壤土。它是庭园垂直绿化、山石配置和作地被的好材料 |

| 序号 | 植物 | 习性及用途 |
|---|---|---|
| 18 | 雷公藤 | 攀缘落叶藤本。喜阴湿,常生长在土质肥沃的山谷、溪边和林缘处,适宜在土层深厚、肥沃、疏松、有灌溉条件的沙质壤土上生长。可作为庭园垂直绿化、地被绿化材料,是园林结合生产的优良树种 |
| 19 | 葛藤 | 多年生落叶藤本。较喜光,喜温暖、潮湿的环境,适应性强,耐寒、耐旱、耐瘠薄,对土壤要求不严,以土层深厚的腐殖质壤土和沙质壤土栽培为佳。可用于乡村路旁边坡绿化 |
| 20 | 大叶黄杨 | 常绿灌木或小乔木。喜温暖湿润的海洋性气候,对土壤要求不严,以中性而肥沃的壤土生长最宜,适应性强,耐干旱和瘠薄,极耐修剪整形。大叶黄杨枝叶茂密,四季常绿,作绿篱或培育成各种造型供观赏 |
| 21 | 山茶花 | 常绿灌木或小乔木。喜温暖、湿润和半阴环境,忌烈日,怕干燥,要求疏松、肥沃、富含腐殖质的微酸性壤土。树形美观,开花优雅,是优良的盆栽花木 |
| 22 | 栀子花 | 常绿灌木。喜温暖、湿润、光照充足和通风良好的环境,忌强光暴晒,要求疏松肥沃、排水良好的酸性土壤。花色洁白,浓香扑鼻,为优良的芳香花卉,地栽、盆栽均可,是庭园美化的优良树种,近年来多见盆栽观赏 |
| 23 | 八仙花 | 落叶灌木。喜温暖阴湿环境,不太耐寒,要求富含腐殖质的酸性土壤。叶色鲜绿,花形硕大,且花色多变,是很好的观赏盆栽植物,也可庭园地栽 |

| 序号 | 植物 | 习性及用途 |
|------|------|-----------|
| 24 | 美人蕉 | 多年生球根花卉。不耐寒,霜冻后地上部枯萎,翌年春再萌发,喜阳,生长适温较高,花期长,生长势极强,种养简单。布置于庭园、隙地或盆栽观赏均宜 |
| 25 | 萱草 | 别名:黄花菜,多年生草本。性强健而耐寒,对环境条件适应性强,不择土质,但以富含腐殖质、排水良好的湿润土壤为好,喜日光充足,也能耐半阴。萱草叶丛茂密,花色鲜艳,栽培容易,可栽于草地边缘或作花境,栽植于阶边土坡或亭台周围,野趣盎然 |
| 26 | 鸡冠花 | 一年生草本。不耐寒,霜冻即死,喜温暖,忌水湿,在高温干燥的气候条件下生长良好,耐瘠土,但宜肥沃的沙质土壤。有自播能力,自然花期夏、秋季,可用于布置夏秋季花坛、花境或盆栽 |
| 27 | 马缨丹 | 落叶花灌木。喜温暖、湿润和阳光充足的环境,耐干旱,不耐寒,宜疏松肥沃的沙质壤土。花色丰富,花期长,栽培管理较简单,作盆栽或庭园观赏 |
| 28 | 菊花 | 多年生亚灌木。阳性植物,喜凉爽气候,较耐寒,较耐干旱,最忌水涝,喜地势高燥、土层深厚、富含腐殖质、疏松肥沃、排水良好的沙壤土。为传统家庭盆栽,也适合庭园地栽 |
| 29 | 百合 | 多年生鳞茎类草本。喜冷凉、湿润和光照充足的环境,忌夏季烈日,耐寒,喜肥,要求疏松、肥沃、排水良好、土层深厚的微酸性土壤,忌硬黏土。可布置花境,点缀林间草地,也可盆栽 |
| 30 | 沿阶草 | 多年生草本。喜半阴、湿润、通风良好的环境。可用于庭园、阶旁、路边、假山岩石缝隙栽植 |

| 序号 | 植物 | 习性及用途 |
|------|------|------------|
| 31 | 毛竹 | 散生竹类。以土壤湿润、疏松、肥沃的中山地带生长最好。成片毛竹形成的竹林,具有极高的观赏价值,形成美丽的风景 |
| 32· | 雷竹 | 散生竹类。喜肥沃湿润土壤,在河滩、平缓坡地、房前屋后均可栽植,易栽培,成林快。它是发展庭园经济的最佳竹种 |
| 33 | 樟树 | 常绿乔木。喜光,稍耐阴,喜温暖湿润的气候,以深厚肥沃、微酸性或中性沙壤土为佳,较耐水湿,深根性,萌芽力强,耐修剪,寿命长。樟树树姿雄伟,枝叶茂密,冠大荫浓,广泛用做庭荫树、行道树、风景树和防护林树种,是经济价值极高的绿化树种,是园林结合生产推广应用的首选树种 |
| 34 | 女贞 | 常绿小乔木。喜光,稍耐阴;喜温暖湿润的气候,不耐寒;适应性强,对土壤要求严,以肥沃的酸性土为宜,瘠薄山地亦能生长;萌芽力强,耐修剪。常作行道树、绿篱 |
| 35 | 香椿 | |
| 36 | 梧桐 | 落叶乔木。喜光,喜温暖湿润气候;喜土层深厚肥沃、排水良好、含钙丰富的壤土;深根性,萌芽力弱,不耐涝,不耐修剪;生长快,寿命较长;对多种有毒气体有较强的抗性。梧桐是优美的庭荫树和行道树 |
| 37 | 油桐 | 落叶乔木。喜光,喜温暖湿润气候,不耐寒,不耐水湿及干旱瘠薄,在背风向阳的缓坡地带,以及深厚肥沃、排水良好的酸性、中性或微石灰性土壤上生长良好,开花结果良好;生长较快。它是重要的特产经济树种,油桐树冠整,叶大荫浓,花大而美丽,可植为庭荫及行道树,是园林结合生产的优良树种 |

| 序号 | 植物 | 习性及用途 |
|------|------|-----------|
| 38 | 厚朴 | 喜光,适宜温凉、湿润气候及肥沃疏松的微酸性土壤;不耐严寒、酷暑,不耐水湿、干旱,生长中等偏快。厚朴叶大、荫浓,花形、色美丽,树皮为著名中药,为国家二级保护树种,可作园林结合生产的优良树种推广应用 |
| 39 | 酸枣 | 别名:南酸枣,落叶乔木。中性偏喜光,在酸性、中性或石灰性风化土壤上均能生长,深根性,萌芽力强,生长迅速。树姿美观,为优良速生的造林和"四旁"绿化树种 |
| 40 | 棕榈 | 常绿乔木。喜温暖湿润气候,耐阴能力强;喜排水良好、湿润肥沃的中性、石灰性或微酸性的黏质壤土,较耐干旱及水湿,对有毒气体抗性强;根系浅,须根发达,生长缓慢。棕榈树姿优美,在庭园栽培观赏 |
| 41 | 杨梅 | 常绿灌木或小乔木。喜温暖湿润气候,耐阴,不耐强烈日照;喜排水良好的酸性土壤;深根性,寿命长,萌芽力强;对二氧化硫等有害气体有一定抗性。杨梅树冠球形整齐,枝叶茂密,夏日果熟红绿相间玲珑可爱,为优良的园林绿化观赏树种兼著名的水果树种,可作园林结合生产的优良树种推广应用 |
| 42 | 枳椇 | 落叶乔木。喜光,较耐寒;对土壤要求不严,在土层深厚、湿润而排水良好处生长快;深根性,萌芽力强。枳椇树态优美,叶大荫浓,是良好的庭荫树、行道树及"四旁"绿化树种 |
| 43 | 枫香 | 落叶乔木。喜光,幼树稍耐阴;喜温暖湿润气候及深厚肥沃土壤,也耐干旱瘠薄,不耐水湿;深根性,抗风、耐火、萌蘖性强;对二氧化硫和氯气抗性较强。枫香树高干直,树冠宽阔,气势雄伟,深秋叶色红艳,为著名的秋色叶树种,为园林结合生产的优良树种 |
| 44 | 木荷 | 幼树较耐阴,大树喜光;对土壤和适应性较强,酸性土壤均可生长;深根性树种。木荷树冠浓密,树皮、树叶含鞣质,可阻隔树冠火,是营造防火林带的良好树种 |

| 序号 | 植物 | 习性及用途 |
|---|---|---|
| 45 | 水杉 | 落叶乔木。喜光,喜温暖气候,具一定的抗寒性;喜深厚肥沃的酸性土,生长快;对有害气体抗性较弱。水杉树姿优美挺拔,叶翠绿秀丽,入秋转棕褐色,甚为美观,最宜列植堤岸、溪边、池畔或群植于公园绿地低洼处或与池杉混植,是城市郊区、风景区绿化的重要树种,可作为园林结合生产的优良树种推广应用 |
| 46 | 池杉 | 落叶乔木。喜光,深根性,耐水湿,耐寒,稍耐旱,速生,抗风,病虫害少,萌芽力强。适合水湿条件较好的中下坡或"四旁"栽植 |
| 47 | 圆柏 | 常绿乔木。喜光,但耐阴性很强;喜温凉稍干燥气候,耐寒冷;在酸性、中性或钙质土上均能生长,但以深厚、肥沃、湿润、排水良好的中性土壤生长最佳;耐干旱瘠薄,深根性,耐修剪,易整形,寿命长;对二氧化硫、氯气和氯化氢等多种有毒气体抗性强,抗尘降低噪声效果良好。圆柏树形优美,老树奇姿古态,可独成一景,是我国自古以来的园林树种之一 |
| 48 | 板栗锥栗 | 落叶乔木。喜光,忌荫蔽;对气候和土壤的适应性强,较耐旱、耐寒、耐涝,以阳坡、肥沃湿润、排水良好的沙壤或壤土上生长最适宜;深根性,根系发达,寿命长,萌芽性较强,耐修剪。栗树树冠宽圆,枝叶荫浓,可作庭荫树;果可食,为著名干果,是园林结合生产的优良树种 |
| 49 | 柿树 | 落叶乔木。喜光,喜温暖的气候,耐旱、耐寒;对土壤要求不严,微酸、微碱土壤均能生长,但以黏质或沙质壤土、富含腐殖质的中性土壤最为适宜;耐瘠薄,深根性,寿命长;对有害气体二氧化硫的抗性较强。它是发展庭园经济的优良树种 |
| 50 | 桃 | |
| 51 | 枇杷 | |
| 52 | 葡萄 | |
| 53 | 猕猴桃 | |
| 54 | 茶叶 | 灌木或小乔木。适生于酸性、湿润土壤。可作为乡村绿篱材料 |

# 第五章  空心村的改造

所谓空心村就是在农村建设时,农民新建住宅的过程中,由于村庄规划滞后、村内基础设施配套不健全和村内环境恶化等,农村宅基地用地往往不能高效、集约地利用。新建住宅大部分分散在村庄外围,而村庄内却存在大量的空闲宅基地和闲置土地,形成了内空外扩的用地状况。同时,还有部分空心村是指随着我国城市化和工业化进程,大量的村民通过务工、参军、上学和随亲等多种因素涌入城市,造成农村住宅的闲置甚至荒废的现象。

## 空心村成因分析

### 一、城市化大背景下,农村人口向城市的转移不可逆转

改革开放以来,我国经济建设取得重大突破的同时,城市化伴随着工业化也蓬勃展开,截至 2010 年底,我国城市化水平达到 47.5%,城市化速度保持在 1% 以上的增长速度。随着城市化进程的深化,大量的农村人口因为参军、上学、随亲或外出务工等,从农村迁入城市,完成村民到市民的角色转化,但原来的住宅因为属于私人财产,在制度上没有罚没的规定,就导致城市化后原有住宅无人居住,成为"荒宅"。

### 二、农村层面规划的缺失,村民建房多为自发建设,缺乏规划的引导

长期以来,规划建设层面对村庄规划关注不够,在 2006 年国家推动新农村建设以前,全国绝大多数地区的农村建设规划空白,村民

建房由于缺乏建设规划的指导,对村民宅基地也未进行统一的规划,村民建房多为自发建设,而农村受制于土地承包制度的影响,村民建房多在自家承包的土地上进行,从而导致村民宅基地遍地开花,宅基与宅基之间空闲地较多,土地浪费现象严重。

### 三、农民土地法制意识淡薄,宅基地私有观念浓郁

相当一部分农民缺乏土地发展观念,认为我自己的责任田,我自己负责税费,盖个房子是自己的事,与别人不相干,这样责任田或自留地就变成了宅基地。

另外,在调研中发现,一是农村有个较为普遍的认识,宅基地是私有的,占着了就是自己的,由于村民住宅更新的客观需求,往往是住着旧房,再划宅基地建新房,新屋建成后不拆旧房;二是有的农民传统观念根深蒂固,认为老房子是祖业,再穷也不能拆祖屋,阻碍了拆旧建新的实施;三是有的农民认为拆旧建新不划算,新房建起后自己住新房,父母老人住老房子,怕老人在新房有霉气,并且旧房还可以用来堆放杂物及圈养禽畜;四是有的老房子是几兄弟或几户几姓共有,由于经济条件不一样,有的建新房走了,有的还住在老房子,或者全部建新房搬走了,但由于先前居住产生的矛盾、隔阂以及补偿等问题导致房屋所有人间无法就老房子权属及拆建达成一致,导致无法拆除旧房。

### 四、管理机构不健全,执法主体不明确或者执法水平有待提高

村庄规划缺失,村庄管理机构中的村委会缺乏具备规划专业素养的人员,多为依靠乡镇村镇建设口管辖,管理机构不健全,审批制度不完善。目前,村庄规划制定远远滞后于农村经济发展速度和农民建房需求,有很多自然村没有制定村庄规划,造成农民建房无依据可循;有些村庄即使出台了规划,但是执行力度不够。地方有关部门对农民宅基地的审批没有严格按程序执行,也没有系统化的管理,乱

批耕地,只批新地,不收旧地。有的农户建新不拆旧,严重违反了国家规定的"一户一宅"要求,这也是空心村出现的重要原因之一。

## 五、村庄经济条件差,基础设施投入不足,村庄内居住环境恶化

长期以来城乡二元制结构,导致我国的城乡发展失衡,村庄经济条件相对较差,村庄财力有限,因此导致村庄内基础设施投入欠账太多,在开展"村村通"工程以前,很多的村庄连硬化的道路都没有,更谈不上集中供水、供气和垃圾收集处理了,而村庄一般都有着较长的历史,村民长期生活的影响导致村庄内部居住环境恶化,村民在进行新建住宅选址的时候一般考虑沿对外交通干道布局,呈现向村庄外部发展的态势,在村外围建房交通便利,通风、采光度高,还能更好地满足人的虚荣心。单位耕地上的产出收益是农民在耕地上建房成本的重要组成部分,而当前农民辛苦种地一年的净收益微乎其微,耕地的边际生产力非常低,降低了在耕地上建房的成本。从两者的成本收益比较来看,人们很快有了在耕地上建房的偏好。

# 空心村的危害

## 一、农村土地闲置现象严重,浪费农业资源

土地资源是一种"综合"的自然资源,是人类社会最基本的生产资料和劳动对象,是国家农业发展、粮食安全的重要保障。因土地资源具有不可再生性,因此是任何国家和社会的重要保护对象。合理开发和利用每一寸土地是我国的基本国策。随着空心村情况的加剧,大量的农村住房被闲置甚至荒废,与之相伴的大量农村宅基地闲置浪费,而村庄中新的建设活动不能够在原有荒废的宅基地基础上进行改建,大多采用异地新建的模式,占用了大量的耕地。根据对河南省巩义市 292 个行政村的调查,村庄的空心村占总户数的 8% ~

10%,巩义市村庄人口约 49 万人,村庄中人均建设用地约 187.65 m²,因为空心村所造成的土地资源的浪费达 735.59~919.49 hm²,这个数字是很惊人的。

同时空心村的形成和蔓延反过来又迫使大量的农村劳动力特别是素质高的劳动力流失,"人去房空"、"人走地荒"等现象造成了大量的农地资源浪费。

## 二、村内大量住宅闲置荒废,造成村内环境恶化

在众多的空心村中,只见新房不见新村的情况特别突出,也是新农村规划建设过程中一个十分突出的问题。村庄里新房、旧房、破房比邻而建,使村庄品位大打折扣,严重影响村容村貌。同时,由于村庄重心的外移,村内公共服务设施和基础设施配套欠缺,道路未硬化、村庄内部缺乏绿化和排水设施不畅等问题十分突出,晴天污水横溢,极大地影响村内环境卫生,雨天道路泥泞崎岖,出行困难,村民生活和生态环境差。

## 三、建设资金浪费,影响农村经济的发展

由于空心村的存在,村民在村庄建设中不能够节约集约利用土地,村庄建设过于分散,多是在村庄外围沿路进行建设,村庄建设在无限制的扩张的同时,在进行基础设施配套和村庄改造的时候,都会因为村庄过于分散而造成基础设施投资的极大浪费。同时,由于村庄的建设活动中新房设计、建材质量、施工技术等都不够合理和科学,导致新房使用寿命短和高频率弃旧建新,从而造成村庄投资的极大浪费。

长期的城乡二元制结构和工农产品"价格剪刀差"等因素导致村庄经济发展动能不足,过多的建设资金的浪费导致村民投资创业资金不足,长此以往,势必影响农村经济的可持续发展。

# 空心村改造的政策措施

## 一、完善相关法规政策,依法进行村庄建设管理

### (一)完善土地管理法和宅基地审批管理办法,实行宅基地统一管理制度

实行宅基地统一管理制度。即各村在对村庄建设现状进行摸底的基础上,对村庄宅基地由村集体统一规划、统一安排;空心村荒废的旧宅基地由村集体统一收回、统一规划、统一改造、统一安排供地。对旧宅基地改造的投入由村集体承担,改造后的土地收益金,全部归村集体所有;对所收回的旧宅基地,重新进行村庄建设规划,对征地报批所需的费用给予优惠,甚至给予减免。农民建新房后,按建新拆旧的宅基地管理办法,无偿收回其旧的宅基地。如果拆迁户愿意自行拆迁,其拆迁的建材等物归拆迁人所有;拆迁户不愿自行拆迁的,由村委会组织有拆迁资格的单位进行拆迁,拆迁物归村集体所有。

### (二)严格农村宅基地审批管理,切实执行一户一宅制度

农村宅基地发放应依据《土地利用总体规划和村镇建设规划》和《宅基地审批管理办法》规定,严格按照法定程序申请、面积标准和审批程序审批宅基地。要认真落实县、乡(镇)、村三级新宅基审批制度,应按照个人申请、村民代表会议讨论、村委会研究决定并报土地部门审批的程序,从严掌握审批,并应由有关部门颁发《宅基地使用证》。各村根据村内现有户数及宅基地情况,严格按照土地部门的规定清退多占的宅基地,特别是闲置不用的旧宅基地,将其作为村集体的宅基地储备;对于申请新宅基地的,要根据人口情况同时收回多余的旧宅基地,切实执行一户一宅、建新交旧制度。

### (三)出台政策鼓励空心村整治

出台鼓励开展村庄整治实施的意见,梳理户籍制度、社会养老保险制度和物权法相关条款,明确村庄整治指导思想、方法、步骤,明确

各部门责任和分工,制定相关的优惠政策,引导各地按计划、有组织地开展村庄综合整治工作。以空心村整治为重点的村庄综合整治应纳入各级政府长期工作计划。将农村村庄综合整治提升到保障经济可持续发展的战略高度,列入新农村建设重要组成部分,科学合理地制定目标,实施目标管理考核和跟踪制度。

修订完善的农村宅基地管理规章制度,在政策法规方面为解决多占、超占、强占以及城市化人口空占宅基地问题提供了可操作的政策法规依据。减少农民对宅基地需要的压力,以"统一规划、统一政策、统一拆迁"为主要手段,通过行政、法律、经济途径管理农村建房,开展宅基地整理。

## 二、健全农村规划体系,使村庄建设活动做到"有法可依"

近年来,在党中央和国务院高度关注"三农"问题的同时,各级政府对村庄规划也空前关注,相当大一部分村庄在有关部门的组织下编制了村庄建设规划,这在规范村庄建设活动过程中是一个新的里程碑。将村庄规划修编工作列入新农村建设的议事日程,以各级政府为主体,统筹安排,在充分尊重村民意愿、村民广泛参与的基础上,组织专家研究农村发展方向和定位,使村庄规划成为引导村庄建设的"火车头"。积极探索多种形式的村庄整治模式,坚持集约用地要求,强化农民居住质量,鼓励开发兴建农户多层住宅小区。道路、给水、排水、通信、电网改造和环境保护等分项规划要与村庄规划修编同时展开、同期实施,这样既避免了村民自发建设的盲目性,又提高了村庄基础设施投资的利用效率,还改善了村庄的环境和村民的生活质量,实现社会、环境和经济的协调发展。

## 三、推进农村集约化建设,切实提高土地利用效率

各级政府应大力支持推进农村集约化建设,一方面积极引导居住在城镇周边的自然村或零星居住的村民离开布局分散的旧村庄,集中安置,或将小村并大村,有步骤地整体搬迁,向中心村或城镇集

中,连片发展,形成规模效应。另一方面应积极引导空心村改造,实现存量资产的再生值,将闲置甚至荒废的旧宅基地重新利用。应当允许农村宅基地使用权依法流转。合理分配宅基地使用权流转产生的经济利益,采取闲置地流向主体多元化,有适当条件限制的流转方式,提高农村宅基地的利用率,从根本上解决空心村问题。

## 四、各级政府加大对农村的资金扶持力度,确保城市反哺农村、工业反哺农业落到实处

在新农村规划运动蓬勃展开的同时,一个不和谐的画面普遍出现在经济欠发达的农村,规划编制效果图中,村庄设施齐全,村庄旧貌换新颜,但是由于缺乏建设资金,村庄的改造和建设只能停留在规划图上。因此,在空心村改造过程中,由于涉及《物权法》中村民财产权等问题,村庄财政相对薄弱,难以支付空心村有偿收储的费用。从宏观层面看,村庄的空心村改造可以从土地指标上支援城市发展,确保我国必要的耕地指标不受威胁,这是城乡协调发展利国利民的好事,需要各级政府加大对农村的资金扶持力度,将空心村改造和整治专项经费列入同级财政预算,确保城市反哺农村、工业反哺农业落到实处。

## 五、加大宣传,提高农民保护土地资源的思想认识

加大《土地管理法》和《宅基地审批管理办法》的宣传力度,不断更新村民法制观念和依法建设的观念。县、乡、村要组织力量,结合社会主义新农村建设,通过多种媒体、多种渠道加大对《土地管理法》等法律法规和政策的宣传力度,提高农村干部、群众的法律观念和节约土地资源的思想意识,正确引导农民在原有宅基地上建设多层新住宅,做到农村宅基地的布局科学、合理。

# 农村建房知识问答

**（一）农村建房要办哪些手续？**

（1）申请规划选址和建房用地。

村（居）民建住宅，应当先向村民委员会提出建房申请。使用原有宅基地、村内空闲地和其他非耕地的，经村民会议讨论同意后，向乡（镇）人民政府申请核发《村镇规划选址意见书》；需要使用耕地的，由县级人民政府建设行政主管部门核发《村镇规划选址意见书》，并按土地管理的法律、法规规定的程序办理土地使用手续。

（2）申请核发《乡村建设规划许可证》。

村（居）民个人持《村镇规划选址意见书》向乡（镇）人民政府申请核发《乡村建设规划许可证》。

（3）取得《乡村建设规划许可证》后，须经乡（镇）人民政府村镇建设管理部门现场放样、验线，方可正式施工。

**（二）农村村民在村庄、集镇建造住宅需要使用耕地的，如何办理手续？**

农村村民建住宅需要使用耕地的，应当先向村民委员会提出建房申请，经村民会议讨论通过后，经乡级人民政府审核、县级人民政府建设行政主管部门审查同意并出具选址意见书后，方可依照《土地管理法》向县级人民政府土地管理部门申请用地，经县级人民政府批准后，由县级人民政府土地管理部门划拨土地。

**（三）农村村民在村庄、集镇建造住宅使用原有宅基地、村内空闲地和其他土地的，如何办理手续？**

农村村民建住宅使用原有宅基地、村内空闲地和其他土地的，由乡级人民政府根据村庄、集镇规划和土地利用规划批准，并出具《村镇规划选址意见书》。

**（四）农村村民建住宅应向建设行政主管部门申请办理哪些手续？**

在村庄、集镇规划区内建房的，要办理《乡村建设规划许可证》；

在建制镇规划区内建房的,要办理"一书两证",即办理《建设项目选址意见书》、《建设用地规划许可证》、《建设工程规划许可证》。

**(五)向建设行政主管部门申请规划建房选址需提供哪些资料?**

持乡(镇)人民政府审核的建房申请书,以及将原宅基地在住宅建成后交还村民委员会的承诺书,向建设行政主管部门申请规划建房选址。

**(六)农村村民申请规划建房选址,建设行政主管部门应办理哪些手续?**

村庄和集镇的农村村民申请规划建房选址,符合规划条件的,建设行政主管部门应办理《村镇规划选址意见书》。

**(七)农村建房违反政策、法律需要承担什么责任?**

(1)未按规划审批程序批准或弄虚作假骗取批准而取得建设用地批准文件的,所取得的建设用地批准文件无效,占用的土地由县级以上人民政府土地管理部门责令退回;属于农村居民住宅建设的,可以由乡级人民政府责令退回。对违法审批土地的直接责任人员给予行政处分。

(2)未按村镇规划实施审批程序批准或者违反规划的规定进行建设,有下列行为之一的,由县级建设行政主管部门给予处罚;属于村(居)民建住宅的,可以由乡级人民政府给予处罚:

①严重影响村镇规划的,责令停止建设,限期拆除,或者没收违法建筑物、构筑物和其他设施;

②影响村镇规划,尚可采取改正措施的,责令限期改正,可并处以土建工程造价2%~4%的罚款。

(3)有下列行为之一的,由县级建设行政主管部门责令其停止设计或施工、生产或出售,限期改正,可并处以300元以上3 000元以下的罚款:

①无资质证书或未按经营范围承担设计、施工任务的;

②未按设计图纸施工或者擅自修改设计图纸的;

③不按有关技术规范、标准施工或者使用不符合工程质量要求

的建筑材料和建筑构件的；

④取得设计或者施工资质证书的勘察设计、施工单位，为无证单位提供资质证书，超过规定的经营范围承担设计、施工任务或者设计、施工质量不符合要求，情节严重的，由原发证机关吊销设计或者施工资质证书。

（4）有下列行为之一的，由乡级人民政府按照下列规定给予处罚：

①损坏村镇房屋和村镇公共设施的，责令限期修复或赔偿损失，可并处以 500 元以下罚款；

②在公共场所乱堆粪便、垃圾、柴草和建筑材料，破坏村容镇貌和环境卫生的，责令限期清除治理；

③擅自在村镇街道、广场、市场、公共绿地和车站等公共场所修建临时建筑物、构筑物和其他设施的，责令限期拆除，可并处以 200 元以上 500 元以下的罚款。

（5）损毁村镇内的文物古迹、古树名木、风景名胜、军事设施、防汛设施、测量标志，以及铁路、邮电、通信、输变电、输油（气）管道、交通运输等设施的；造成村镇环境污染和其他公害的，依照有关法律、法规的规定处罚；构成犯罪的，依法追究刑事责任。

（6）阻碍村镇建设管理人员依法执行公务或阻挠依法批准的建设工程施工，构成违反治安管理行为的，由公安机关依照《中华人民共和国治安管理处罚条例》的有关规定处罚；构成犯罪的，依法追究刑事责任。

（7）村镇建设管理人员玩忽职守、滥用职权、徇私舞弊的，由其所在单位或其上级主管部门给予行政处分；构成犯罪的，依法追究刑事责任。

**（八）居民点建设引导有哪些策略？**

（1）进行详细规划，加强规划管理，乡镇政府依据详细规划审批村民宅基地；要统一规划、分片建设；要控制公共设施建设用地，保证不被侵占。

（2）政府对村庄的投资要重点投入此类村庄，以高水平的基础设施吸引村民，以财政资金补助村民拆建，以宅基地审批手段促进村民到此类居民点建房。

（3）疏通村庄道路，拆除阻路建筑物、构筑物。

（4）提高村庄与外部交通道路的质量。

（5）环境治理，建立垃圾收集点、垃圾池，禁止垃圾乱堆乱放，建设村庄雨水、污水排水沟，有组织地排放进附近污水塘。

（6）绿化美化村庄，沿村庄主要道路、房前屋后等处绿化，拆除废弃房屋、整理村庄中的空地进行绿化，绿化可结合经济果林进行。

**（九）什么是农村宅基地？**

农村宅基地用地是指农村居民个人取得合法手续用以建造住宅的土地，包括房屋、厨房和院落用地。

**（十）农村宅基地管理机构有哪些？**

省土地管理局主管全省农村宅基地用地的管理工作，市（地）、县（市、区）土地管理部门负责本辖区内农村宅基地用地的具体管理工作。

**（十一）有关农村宅基地权属的问题有哪些？**

农村宅基地属于集体所有。农村居民对宅基地只有使用权，没有所有权。宅基地的所有权和使用权受法律保护，任何单位和个人不得侵占、买卖或者以其他形式非法转让。

**（十二）宅基地使用原则有哪些？**

农村宅基地的使用应遵循节约和合理利用每寸土地，切实保护耕地的原则，尽量利用荒废地、岗坡劣地和村内空闲地。村内有旧宅基地和空闲地的，不得占用耕地、林地和人工牧草地等。基本农田保护区、商品粮基地、蔬菜基地、名特优农产品基地等一般不得安排宅基地。

**（十三）村民自建房应注意哪些要求？**

农村居民建造住宅，应严格按照乡（镇）村建设规划进行。严禁擅自占用自留地、自留山建造住宅。农村居民建造住宅，以户为单位,每户宅基地的用地标准,应严格按照省《土地管理法》实施办法相关条款的规定执行。禁止任何单位和个人擅自突破用地标准。禁止随意套用地域类别。

**(十四)宅基地申请条件有哪些?**

具备下列条件之一的,可以申请宅基用地:

(1)农村居民户无宅基地的;

(2)农村居民户除身边留一子女外,其他成年子女确需另立门户而已有的宅基地低于分户标准的;

(3)集体经济组织招聘的技术人员要求在当地落户的;

(4)回乡落户的离休、退休、退职的干部、职工、复退军人和回乡定居的华侨、侨眷、港澳台同胞,需要建房而又无宅基地的;

(5)原宅基地影响规划,需要收回而又无宅基地的。

**(十五)因何原因可以不予批准宅基地?**

有下列情况之一的,不得安排宅基地用地:

(1)出卖、出租或以其他形式非法转让房屋的;

(2)违反计划生育规定超生的;

(3)一户一子(女)有一处宅基地的;

(4)户口已迁出不在当地居住的;

(5)年龄未满十八周岁的;

(6)其他按规定不应安排宅基地用地的。

**(十六)宅基地的审批程序有哪些?**

凡是符合申请宅基地条件,需要在农村建造住宅,并且确实已经具备建房的物资、资金条件的,按照以下程序履行申报手续:

(1)农户按规定的宅基地标准,提出建房计划,向建房所在地村民小组提出用地申请。村民小组在县、乡下达的当年农房建设用地计划控制指标范围内能够给予安排的,发给《农村宅基地申请表》。

(2)农户凭《农村宅基地申请表》同时向村镇规划部门申请选择建房地点,并取得《乡村建设规划许可证》。

(3)村民小组、村民委员会对建房申请材料作全面的审查。有的地方按照乡规民约征求村民意见,有的还要提交村民大会通过。

（4）确实占用非耕地进行建房的,经乡（镇）人民政府批准报县国土资源局备案;占用耕地建房的,由乡（镇）人民政府审查,报县人民政府批准。

（5）建房户在按规定缴纳有关费用后,由乡国土所发给《用地许可证》,再由乡镇建管所发给《建设执照》。

（6）现场放线后,由土地行政主管部门验查灰线,核定用地面积,符合要求的准许正式施工。竣工后进行验收,符合标准的发给农村宅基地使用证。

### （十七）村民如何申请宅基地？

村民申请宅基地,应向村农业集体经济组织或村民委员会提出用地申请。农村宅基地的申报程序和审批权限按照省《土地管理法》实施办法相关条款的规定执行。《农村居民宅基地用地申请书》和《农村居民宅基地用地许可证》由省土地管理局统一印制。

### （十八）农村宅基地用地计划如何编制和审批？

农村宅基地用地实行计划管理。农村居民建住宅用地列入国民经济和社会发展计划,由省统一下达用地指标,并逐级分解,落实到村。宅基地用地计划指标必须严格执行,未经批准不得突破。

### （十九）农村居民宅基地标准有哪些？

农村居民建住宅,应一户一处按规定的标准用地。超过规定标准的,超过部分由村民委员会收回,报乡（镇）人民政府批准,另行安排使用。实施前已占用的宅基地,每户面积超过规定标准一倍以内而又不便调整的,经当地县级人民政府批准,按实际面积确定使用权。

### （二十）城镇非农业户口居民申请宅基地的办理程序有哪些？

城镇非农业户口居民建住宅需要使用集体所有的土地的,应当经其所在单位或者居民委员会同意后,向土地所在的村农业集体经济组织或者村民委员会或者乡（镇）农民集体经济组织提出用地申请。使用的土地属于村农民集体所有的,由村民代表会或者村民大会讨论通过,经乡(镇)人民政府审查同意后,报县级人民政府批准;使用的土地属于乡(镇)农民集体所有的,由乡(镇)农民集体经济组织讨论通过,经乡(镇)人民政府审查同意后,报县级人民政府批准。严禁城镇非农业户口居民个人私自向村民委员会或村民小组购地建房。

**（二十一）农村宅基地管理存档程序有哪些？**

县(市、区)、乡(镇)、村应把农村宅基地用地管理纳入地籍管理,以村为单位建立完善的地籍档案。宅基地使用权需要变更的,按照地籍管理的要求,报核发土地使用证部门办理变更登记和换证手续。

**（二十二）农村宅基地审批有哪些注意事项？**

农村宅基地的用地审批应接受群众监督,实行用地指标、审批条件和审批结果三公开制度。

**（二十三）有关农村宅基地违法的行为主要有哪些？**

对擅自突破宅基地用地计划指标,致使土地被乱占滥用的,或利用职权擅自批宅基地的,所在单位或上级有关机关,应根据情节轻重对主管人员或直接责任人员给予行政处分。

凡未经批准或采取弄虚作假等手段骗取批准,非法占用土地建住宅的,由县级以上土地管理部门或乡级人民政府限期拆除或没收在非法占用的土地上新建的房屋,责令退还非法占用的土地。

买卖或者以其他形式非法转让土地建房的,由县级以上土地管理部门没收非法所得,限期拆除或没收买卖和其他形式非法转让的土地上新建的建筑物,并可以对当事人处以非法所得50%以下的罚款。

经批准的宅基地划定后,超过一年未建房的,由原批准机关注销批准文件,收回土地使用权。

**（二十四）涉嫌宅基地违法的处罚措施及相关法律程序有哪些？**

被罚款的单位和个人必须按规定时间如数交付罚款。逾期不交的,每日加收相当于罚款数额3‰的滞纳金。罚没收入交同级财政部门。

当事人对行政处罚决定不服的,可在接到处罚决定书之日起 15 日内向作出处罚决定的上一级行政机关申请复议,也可以直接向人民法院起诉。期满不起诉又不履行的,由作出处罚决定的机关申请人民法院强制执行。

# 第六章　新农村住宅建设

农村住宅是农民赖以生存的生产和生活空间,农村住宅的规划与建设,与农民的切身利益休戚相关,是新农村建设中至关重要的核心内容。

## 新农村住宅现状

现在我国经济迅猛发展,农民经济水平也有了长足改善。农村住宅像雨后春笋般建了起来,甚至有些疯狂的感觉。发展很迅速,但也存在许多问题,一方面是建筑量的增加,一方面是质量的保持,概括一下,主要有以下几种问题:

(1)农村住宅规划滞后,乱占乱建。由于缺乏科学的规划和有效的管理,农村住宅粗放式发展,随意占地,乱占乱盖,见缝插针,任意朝向,以至于房屋新旧夹杂,村内道路狭小,弯曲不畅,凌乱不堪,而且基础设施差,道路较城镇少,抑制了村庄未来的发展。

(2)农村建房具有盲目性。一些传统观念在很大程度上诱导着农民的建房行为,如盲目跟风,比阔气,房子越大越好,占地越多越好;加上农村住宅没有层数和高度的限制,所以一般每层建的都比较高,层数也不切实际地建设,导致盲目建房。

(3)农村住宅建筑质量差。农民一向追求的是建筑的有无,而不太看重建筑的好坏,大部分农民为了节省材料,将保温层和隔热层省去;建筑一般层数较低,对结构要求不高,所以存在偷工减料的现象,存在安全隐患;有些地方建筑比较密集,而且朝向各不相同,或由于迷信的思想,造成建筑采光和通风性能差。

(4)资源、能源浪费严重。由于农村住宅无层数和层高的设计,村民不顾自身实际情况,把每层都建得比较高,并且建3~4层,即便大部分时间2~4层都用不到,这就造成建筑材料和空间的浪费;又由于迷信不能拆老宅建新房,就另辟新宅建房,致使老宅老房都空着,造成土地资源和建筑材料的浪费。

# 新农村住宅发展趋势

根据当前农村住宅现状,可以肯定农村住宅发展空间很大,总体来看,农村住宅有如下趋势:

(1)农村住宅向别墅方向发展。紧邻城市的农村,农民生活水平提高得快,加上"逆城市化"趋势,一部分城市人口会选择在离城市近的环境优美的农村居住,这一类农村住宅会逐步发展成为小别墅,居住质量将会有很大提升。

(2)农村住宅向节能绿色建筑方向发展。环境恶化,能源资源短缺,必然导致住宅向节能方向发展,如合理利用太阳能、风能,使用沼气等。

(3)农村散居住宅向多层住宅方向发展。现今土地愈发珍贵,这将促使农村由散居的方式向集体居住的方向发展。

# 新农村住宅建设思路

农村住宅出现的问题,原因是多方面的,解决的方法也有许多种,其中主要有以下几种:

(1)注重规划,合理布局,功能齐全。优秀的规划和建筑设计方案对村容村貌整治具有重要的先导作用,对改善现在新农村建设过程中随意建设、模仿严重的状况,对改变农村面貌、改善农民居住条件起到积极作用。土地作为一种不可再生的资源,具有短缺性;新农村规划应该以土地的集约使用为宗旨,以节约尽可能多的土地,为农村长远的发展留有足够的空间。

（2）节约用地，倡导使用新能源。建立完善的土地管理制度，利用农村有机垃圾建造沼气池，一方面有效处理垃圾，另一方面节约能源。住宅建筑要节约用地和材料，提出"建筑节能与环境共存设计"理念，对住宅设计提出了"环境共生住宅"的理念，最大限度地利用太阳能、风能等资源的同时，提出对各种能源的循环回收和利用。在材料方面，墙体利用保温材料，利用中空玻璃窗，屋顶铺设太阳能电池板等。

（3）注重住宅的质量和安全。在建筑住宅时，一定要建立监理制度，对住宅质量严格把关，使农民居住安全、安心。

（4）农村住宅不要攀比，实用才是关键。对农民进行教育，建筑要量身定制，不要华而不实，大而不方便使用，舒心、实用才是住宅的首要职能。住宅可以辟出单独的工具用房、仓库用以堆放杂物。家居住房则分开建造，与其他住房有明显的距离空间。

（5）美化住宅环境。自然式的小桥流水，配以野生的植物，给人以心旷神怡的和谐家居环境。

# 农村住宅建设知识问答

## 一、农村住宅建筑设计部分

### （一）什么是住宅、住宅小区？

住宅就是供人们居住并具备可供人们生活起居的房子。住宅是人工建造而不是自然形成的。

住宅小区一般称居住小区，是被居住区级道路或自然分界线所围合，并与居住人口规模 7 000 ~ 15 000 人相对应，配建有一套能满足该区居民基本的物质与文化生活所需的公共服务设施的居住生活聚居地。

### （二）农村住宅的主要功能有哪些？

农村住宅不同于城市住宅，除供人们生活起居和接亲待友外，还要有一定的生产功能,如喂养家禽、家畜;此外还要具有储藏大件物品如农用车和农具等的空间。

**(三)农村宅基地一般多大为宜?**

根据国家保护耕地的政策、农民生活起居和生产需要及地方上的实际情况,一般规定一户宅基地 3 分地($200\ m^2$)左右。

**(四)住宅的类型有哪些?**

住宅类型繁多,主要分为高档住宅、普通住宅、公寓式住宅、TOWNHOUSE、别墅等。

(1)按住宅高度分类,主要分为低层、多层、小高层、高层、超高层等。

(2)按住宅结构形式分类,主要分为砖木结构、砖混结构、钢混框架结构、钢混剪力墙结构、钢混框架－剪力墙结构、钢结构等。

(3)按住宅建筑形式分类,主要分为欧式、中式、美式、日式及其他形式住宅等。

(4)按房屋类型分类,主要分为普通单元式住宅、公寓式住宅、复式住宅、跃层式住宅、花园洋房式住宅、小户型(超小户型)住宅等。

(5)按房屋政策属性分类,主要分为廉租房、已购公房(房改房)、经济适用住房、住宅合作社集资建房等。

**(五)农村住宅功能布局如何设计?**

按动静、干湿进行功能布局分区。比如书房和卧室都是需要安静的环境,要与起居室和会客室分隔开来;厨房和卫生间,这两个功能经常会有水,要与其他房间做好隔离。

**(六)什么是住宅的进深、开间、层高、净高?**

住宅的进深,在建筑上是指一间独立的房屋或一幢居住建筑从前墙皮到后墙皮之间的实际长度。为了保证建成的住宅具有良好的自然采光和通风条件,住宅的进深在设计上有一定的要求。在住宅的高度(层高)和宽度(开间)确定的前提下,设计的住宅进深过大,就使住房呈狭长形,距离门窗较远的室内空间自然光线不足。进深大的住宅可有效地节约用地。

住宅的开间,在住宅设计中,住宅的宽度是指一间房屋内一面墙皮到另一面墙皮之间的实际距离。因为是就一自然间的宽度而言,故又称为开间。与住宅的进深一样,住宅的开间在设计上也有严格的规定。就我国目前大量建造的砖混住宅来讲,住宅开间一般规定不得超过 3.3 m。规定较小的开间尺度,可有效缩短楼板的空间跨度,增强住宅结构整体性、稳定性和抗震性。

住宅的层高和净高,住宅的高度计量除了用"米",还可以用"层"来计算,每一层的高度在设计上有一定要求,称为层高,层高通常指下层地板面或楼板面到上层楼板面之间的距离。层高减去楼板的厚度的差,叫做净高。目前一般住宅层高度在 2.8~3 m,农村住宅可以相对增大一些,但一般不应超过 3.6 m。

只有符合经济、实用、合理标准的房型才是最佳的。所谓经济,就是在房屋总面积一定的条件下,得到最大的使用空间,即通常说的得房率要高。所谓实用,就是房屋内各平面功能分区能最好地满足人们的生活、学习、休息和社交的需要。所谓合理,就是要求平面功能分区、房间面积分配、通风透气性能、采光性能、厨卫布置安排、管线配合、储藏空间等具有合理性。

**(七)什么是户型?**

一是指面积大小不等、基本平面功能分区各异的单元住宅系列,习惯上按卧室、厅和卫生间的数量划分,如划分为一室一厅、两室一厅两卫、两室两厅两卫、三室一厅、三室两厅两卫等。二是指在同一总面积水平下,每户使用面积内部的功能组合和面积安排,以及各分区的朝向、通风、采光情况等。

**(八)为什么农村住宅也要设计?**

(1)国家政策规定。

村镇的各种建筑和各类基础设施等建设工程,必须由取得相应的设计资格证书的单位或者个人进行设计。严禁无证设计和无设计施工。

（2）保证建筑必需的安全性、合理性、经济性和舒适性要求。

建筑是我们的生活、工作、休息的空间。特别是住宅,我们一天的大部分时间要在里面度过,因此住宅必须有方便、舒适的生活空间,安全合理的建筑构造,以及必备的水电设施来满足人们日常生活的需要,而这些问题须由专业技术人员来解决。

通过建筑师的设计,可使住宅有一个合理的平面、空间布置和美观的外立面,同时达到国家规定的住宅通风、采光和日照等各方面要求。

通过结构工程师对建筑结构合理的布置和精确的受力分析,设计出既能满足结构安全又经济适用的建筑。

通过给排水工程师和电气工程师的设计和计算,能给住宅合理配备必要的各类生活设施,以满足人们日益提高的生活需求。

总之,通过设计师的综合设计,可以合理选择和使用建筑材料及设备,节约资金。

由于各户对建筑的使用要求各有不同,加上所处地区的地质条件千差万别,因此每一幢房子都有它的特殊性,农村建房不应盲目照抄、照搬,应请专业人员勘察设计后再施工建房。

**（九）农村住宅建设有哪些要求?**

（1）宅基地标准:人均耕地不足1亩的村庄,每户宅基地不超过133 $m^2$;人均耕地大于1亩的村庄,每户宅基地面积不超过200 $m^2$。具体按县（市、区）人民政府规定的标准执行。

（2）单户住宅建筑面积:三人居以下,不超过150 $m^2$;四人居,不超过200 $m^2$;五人居以上,不超过250 $m^2$。

单户住宅建筑面积具体按当地人民政府规定的标准执行,但不应突破上述规定的上限面积。

（3）住宅建筑基底面积不应大于宅基地面积的70%。

（4）住宅日照间距标准由当地城市规划行政主管部门制定。

**（十）农村住宅设计有哪些基本原则?**

（1）住宅平面设计原则:分区明确,实现寝居分离、食寝分离和净污分离;应保证不少于两间卧室朝南;厨房及卫生间应有直接采光、自然通风;平面形式多样。

（2）住宅风貌设计原则:吸取优秀传统做法,并进行创新和优化,创造简洁、大方的建筑形象;住宅应以坡屋顶为主,充分运用地方材料,结合辅助用房及院墙形成错落有致的建筑整体。

（3）住宅庭院设计原则:灵活选择庭院形式,丰富院墙设计,创造自然、适宜的院落空间。

（4）住宅辅房设计原则:根据村民的生产方式不同,配置相应的附属用房(如农机具和农作物储藏间、加工间、家禽饲养、店面等)。辅房应与主房适当分离,可结合庭院灵活布置,在满足健康生活的前提下,方便生产。

**（十一）农村住宅设计有哪些技术性要求?**

（1）合理加大进深,减小面宽,节约用地。

（2）加强屋面、墙体保温节能措施,有效利用朝向及合理安排窗墙比,推广应用节水型设备、节能型灯具。

（3）积极利用太阳能及其他可再生能源和清洁能源。能源利用的相关设施应结合住宅设计统一考虑。

**（十二）农村建筑朝向如何确定?**

宜选择南北向的建筑,向南一侧,冬季中午前后均能获得大量的日照,夏季仅有少量阳光射入,可谓冬暖夏凉。避免东西向建筑,西向房间夏季西晒过热。根据各房间的性质、使用要求的不同,争取尽量多的房间有较好的朝向,使房间有更好的采光、通风条件,以此保证居住者的身心健康与工作效率。

一般建筑的朝向宜采用南北或接近南北,主要房间避免夏季受东、西向日晒。朝向选择的原则是冬季能获得足够的日照,主要房间宜避开冬季主导风向,同时必须考虑夏季防止太阳辐射与暴风雨的袭击。但有时想达到既夏季防热冬季又保温的理想朝向有困难时,只能权衡考虑,宜选择本地区建筑的最佳朝向或较好的朝向。

## (十三)农村建房应满足哪些具体设计要求?

为了保证居住质量,符合基本生活要求和达到基本卫生标准,农村建房应满足下列设计要求:

(1)生活居住部分与生产的副业棚舍应有明确的功能分区,且保持一定距离。

(2)宜选择南向和接近南北向,通过合理的建筑间距来保证住宅获得有效日照。

(3)住宅卧室、起居室、厨房等应有直接采光、自然通风,通风和采光必须满足下列要求:

①卧室、起居室、明卫生间的通风开口面积不应小于该房间地面面积的 1/20;

②厨房的通风开口面积不应小于地面面积的 1/10,并不得少于 $0.6\ m^2$;

③卧室、起居室、厨房的采光窗与地面面积比不应小于 1/7(离地面高度低于 0.5 m 的窗面积不计入采光面积内)。

(4)卧室最小面积应大于 $6\ m^2$,厨房最小面积应大于 $5\ m^2$,卫生间最小面积应大于 $4\ m^2$,起居室(厅)最小建筑面积应大于 $12\ m^2$。

(5)屋顶平台的栏杆净高不应低于 1.05 m,外窗窗台低于 0.9 m 时,应有防护设施;阳台、屋顶平台、楼梯栏杆垂直杆件间净距不大于 0.11 m。

(6)用楼梯的净宽,当一边临空时,不应小于 0.75 m;当两侧有墙时,不应小于 0.90 m;楼梯的踏步宽度不应小于 0.22 m,高度不应大于 0.20 m;室外楼梯和室内公共楼梯踏步不应小于 0.26 m,踏步高不应大于 0.175 m。

## (十四)农村建房的建筑高度有什么要求?

我们通常所说的建筑总高度,一般是指从室外地面到屋檐檐口或女儿墙顶的垂直高度尺寸。建筑层高是指上下两层楼或楼面与地面之间的垂直距离。

农村个人建房一般采用砖砌体结构,根据结构设计规范规定,每层的高度不应大于 3.3 m,同时作为住宅,建筑设计标准也规定层高不应低于 2.8 m。层高过高,虽然通风好,但不节能,也浪费材料;层高过低,有压抑感,人会感觉不舒适。因此,农村个人建房的适宜层高在 2.8~3.3 m。

**(十五)什么是绿色节能住宅?**

绿色节能住宅是指在住宅建筑的全寿命周期内,最大限度地节约资源(节能、节地、节水、节材等),保护环境和减少污染,为人们提供健康、适用和高效的使用空间及与自然和谐共生的建筑。值得注意的是,绿色节能住宅中的"绿色",并不是指一般意义的立体绿化、屋顶花园,而是代表一种概念或象征,指建筑对环境无害,能充分利用环境自然资源,并在不破坏环境基本生态平衡条件下建造的一种建筑,又可称为可持续发展建筑、生态建筑、回归大自然建筑、节能环保建筑等。

**(十六)怎样才能建设绿色节能住宅?**

根据可持续发展理论与生态学原理,结合住宅建设特点,绿色住宅在设计和建设中要符合以下要求。

**1. 能源系统**

绿色住宅的能源系统建设,重点应放在建筑节能、常规能源系统优化与绿色能源(如太阳能、风能、地热能等)利用三个方面。

在建筑节能方面,应将重点放在维护结构的保温、隔热上,使建筑节能满足国家现行规定。常规能源系统建设必须优化,应避免因多种能源结构形式的重复建设而造成铺张浪费,应充分利用绿色能源(因为存在技术与经济方面的问题,绿色能源的利用要因地制宜,选择适合本地特点,且性价比较高的技术与产品)。室内装饰和装修设计要考虑到资源的综合利用和节能问题;要充分考虑室内空间的承载量和透风量,提高室内空气质量;要使房间拥有充分的空间,来容纳大自然的光线,巧用天然光源,减少电耗,创造质朴、天然情趣的生活环境。

## 2. 水环境系统

水是绿色住宅建设的灵魂。因此,水环境系统的建设应放在节水、水的重复利用与水环境系统集成三个方面。

根据国家节水条例及节水型社会建设的要求,在节水方面应重点加强节水用具的使用。在水的重复利用方面,重点应放在中水系统、雨水收集利用系统等方面;景观用水系统要专门设计并将其纳入中水系统一并考虑。水环境系统的建设目标应符合以下两个基本要求:一是小区的整体节水量应能达到30%,二是各类水质必须符合国家标准。

## 3. 气环境系统

在我国现行的环境规范中,对住宅小区的气环境尚未提出详细要求,但考虑到我国的住宅建设将要与国际市场接轨,绿色住宅气环境系统的建设应符合下列要求:一是生态小区的大气环境质量应能达到国家二级标准;二是小区的所有住宅80%以上的房间应能实现天然透风,以保证主要栖身空间空气新鲜,防止室内湿润与霉菌滋生。

## 4. 声、光、热环境系统

在声环境系统中,建设重点应放在住宅室内、外的噪声源的控制上,使住宅噪声等级符合国家的有关规定。在光环境系统中,建设重点应放在天然采光和节能灯具的使用上,应尽量利用天然光进行室内采光,防止光污染。在热环境系统中,建设重点应放在采暖、空调、生活热水三联供的热环境技术的使用上,并应结合小区建设实际情况,合理地利用太阳能、风能或地热能等绿色能源,作为小区采暖、空调的热、冷源。

## 5. 绿化系统

与我国目前住宅小区绿化建设相比,绿色住宅的绿化系统更注重其生态功能。因此,它的建设重点除应满足绿化率(>40%)、种植保留率与优良率、植物配置的丰实度、植物种类等指标要求外,更应注重绿化系统的防晒、防尘、降噪、透风、水土保养、空气保湿等生态功能的建设。应减少硬质铺地,加强垂直绿化。在注重"以人为本"的同时还要让花的每一分钱都物有所值。

**6.废弃物治理与处置系统**

绿色住宅的废弃物治理与处置应遵循资源化、减量化、无害化原则。小区垃圾的收集、处置率应达到 100%,回收利用率应达到 50%,各种垃圾处理、处置措施应配套齐全。小区内垃圾可在小区内处理,有条件的地方应充分利用城市垃圾处理措施,实行垃圾分类收集,并由小区就地进行无害化处理,从而最大限度地实现垃圾的减量化、无害化、资源化。

**7.绿色建筑材料系统**

传统的建筑材料在生产、运输和使用过程中,不仅要消耗大量的资源和能源,而且污染非常严重,破坏生态环境。绿色住宅是以与天然协调为宗旨的,它应该大量采用更适合人类生存,更有利于人类健康的新型建材,这类建材又称为绿色环保型建材。它主要包括新型墙体材料、新型防水密封材料、新型保温隔热材料和新型装饰材料,如采用生物材料、复合材料、轻质材料等。和传统建材相比,绿色环保性材料不仅可以降低天然资源和能源的消耗,而且使大量产业垃圾得以重新利用,既可以减少环境污染,又利于人体健康,且有助于改善建筑功能,起到防霉、隔声、隔热、杀菌、除臭、防射线、抗静电等作用。

## 二、农村住宅建筑结构部分

### (一)农村建筑结构形式一般有哪几种?

农村建筑一般采用以下几种结构形式:砌体结构、混凝土框架结构、复合木结构、轻钢结构等。采用何种建筑结构形式取决于建筑功能的要求。对于农村建筑,其基本原则是:安全实用,经济合理,方便施工。

对于住宅建筑,一般建筑功能单一,房间较多,内隔墙较多,层高一般在 3 m 左右,可采用砌体结构。对于建筑功能复杂,需要大空间的建筑(如底层商店、农机仓库,上层为住宅等),可采用混凝土框架结构。木结构在传统建筑中用的较广泛,由于木材资源的限制,一般在木材产区或建筑中的部分构件采用(如木檩条、木屋架等),现在提倡复合木结构,通过深加工形成建筑构件。复合木结构有可能成为今后农村建房的一个方向。虽然钢结构建筑结构轻盈,适应性好,工程化程度高,施工机械化程度高,国家正在大力推广,但造价仍偏高。

**(二)砌体结构有哪些优点和缺点?**

砌体结构有以下优点:

(1)砌体结构由块材和砂浆砌筑而成,建筑取材容易,成本低廉,对施工要求不高,砌体结构的水泥、钢材及模板的用量较混凝土结构要少。

(2)砌体结构具有承重和维护双重功能,砌体除承重外,其保温、隔热、隔声性能都很好,节约能源,使人感到舒适,因而砌体结构特别适合用于民居建筑。

(3)砌体结构有良好的耐久性和耐火性。在设计使用年限内,维护费用低。砌体一般可耐受 400~500 ℃的高温,其耐火性能满足国家有关规范要求。

砌体结构有以下缺点:

(1)砌体结构抗压强度较混凝土要低,因而结构构件尺寸较大,构件自重较大。

(2)砌体中块体和砂浆之间黏结强度较低,结构抗震性能较混凝土框架结构要差。

(3)砌体施工劳动强度大,运输、砌筑时损耗较大。

(4)砌体施工需大量黏土,要占用大量农田,更要耗费大量的能源。为了社会的可持续发展,应广泛使用非黏土砖砌体。

**(三)农村宅基地有哪些要求?**

地基是用来承受建筑传下来的荷载的土层。因此,地基土层必须满足以下要求:一定的承载力、一定的抗变形能力(沉降)和一定的稳定性(防滑坡)。

农村建筑一般层数较少（3层以下），荷载相对较小，一般老黏土、粉土、沙土、碎石、基岩等为良好的地基持力层。可以采用这些土层作为天然地基，直接在其上建造。但下列软土地基未经处理不宜建房：新近人工填土、杂填土、含有机质的淤泥、淤泥质土以及承载能力低于 5 $t/m^2$ 的软土。这些软土必须经过地基处理、加固，达到要求后方可建设。

对于处于高边坡上下的建筑，应充分考虑边坡的稳定，应避开不稳定的边坡，或对边坡进行处理。

**（四）怎样区分基础和地基？**

基础是建筑物的地下部分，是建筑物的一个组成部分。

地基是指基础下的持力层，用来支承上部基础房屋的重量。因此，地基应具备足够的承重能力（即承载力）。

**（五）基础的类型有哪些？**

基础按受力特点及材料性能可分为刚性基础和柔性基础。按构造方式可分为条形基础、独立基础、筏基、桩基等。

**（六）地基分为哪些类型？**

地基分为天然地基和人工地基两大类。天然地基如岩石地基、黏土地基、沙土地基等。人工地基是指经过人工处理的土层。

由于人工地基施工程序复杂，通常需要机械设备辅助施工。因此，农房地基应尽量采用天然地基。

**（七）农村建筑地基处理有哪几种形式？**

地基处理方法很多，对农村地基处理常采用以下几种处理加固方法：

（1）夯土法。利用重锤、碾压或振动法激振地基土层压实。此方法简单有效，是农村常用地基加固手段。

（2）换土垫层法。采用沙、碎石、矿渣、灰土、含水率合适的黏土换取浅层软土。当软土层厚度较大，不能完全置换时，换土深度应由专业技术人员确定。

（3）采用小断面预制方柱、木桩。当软土层较厚，换土法无法解决问题时,将小断面预制方柱、木桩打入深部较好土层中,将建筑荷载直接传至深部好土层。

以上地基处理方法施工机具要求简单,甚至通过人工就可以完成。但地基处理增加了建筑造价。当地基处理费用较多时,应考虑移址建设。

**(八)为什么要考虑建筑物的防潮?**

在农村房屋的墙面常出现白色的晶体,俗称"起碱",这就是返潮现象。对砖墙来说,影响最大的是地潮。地潮来自土壤中的毛细孔水和上层滞水,地潮沿建筑物的基础、墙基因材料的毛细作用而上升。地潮在侵蚀墙基后,扩散到底层墙体及抹灰,导致室内墙面抹灰粉化,使墙面生霉,细菌滋生,影响人体健康,也影响墙面美观,严重时会影响建筑物的使用寿命。为此,在建房时,一定要考虑墙身的防潮处理问题。通常是在墙身勒脚部位设置水平防潮层和垂直防潮层。

**(九)建筑材料如何选择?**

选择建筑材料时,要因地制宜,选用本土材料,如北方可以选用砖土材料,南方选用竹木材料,山区可以选用石材等;选用建筑材料时,还要注重选择耐久性材料,保证房屋安全。

**(十)农村住宅楼板、屋面板采用现浇板好还是预制板好?**

农村建筑广泛采用预应力空心板。预制板不需要现场立模、钢筋放养,也无需混凝土浇筑,施工速度快,节约成本,正规工厂化预制,质量也可保证。但因为其为拼装结构,楼屋面整体性差,降低了建筑抗震性能。拼缝处理不好时会引起渗水、漏雨,难以在厨房、卫生间使用,也无法进行开洞。

现浇板适应性强,整体刚度好,对建筑抗震十分有利。由于现场浇筑,可用于不规则的房间,也可通过掺防水剂等外加剂用于防水要求较高的厨房、卫生间。现场浇筑可以对洞口进行加强。这些是预制板无法比拟的。

**(十一)农村住宅设计如何考虑防火?**

火是生命之源,但是人们如果对火使用不当、管理不善、防范不严的话,火也会给人类带来灾难,它不仅殃及财产,而且还威胁到人的生命,火灾是所有灾害中经常发生、范围最大、危害最大的一种自然灾害。

建筑物设计不当造成的火灾是多方面的,如建筑物中采用可燃物过多,电器设备、线路安装不符合要求,造成电器超负荷、电线短路,以及自然现象引发的次生灾害,如地震、雷击等。因此,建房必须考虑防火问题。

对不同类型、性质的建筑物有不同的防火要求,其作用主要有:

(1)在建筑物发生火灾时,确保其能在一定时间内不被破坏,延缓和阻止火势的蔓延。

(2)为人们安全疏散提供必要的疏散时间。

(3)为消防人员扑火救灾创造有利条件。

(4)为建筑物火灾后重新修复提供有利条件。

一般防火设计要选用耐火等级高的建筑材料作为结构的承重部件;在基础上或钢筋混凝土框架上直接砌筑用以阻断可燃或难燃屋顶结构的不燃实体墙,即防火墙;设置建筑防火分区,指在建筑物内部采取设置防火墙、楼板及其他防火分隔物,用以控制和防止火灾向其邻近区域蔓延的封闭空间;装修材料应选用不易燃烧或燃烧后有害气体少的材料。重要部位可采用防火涂料进行处理。

**(十二)农村建房一般采用哪些屋顶形式? 各有什么优缺点?**

农村建房一般采用的屋顶形式有平屋顶、坡屋顶、平坡结合屋顶。

(1)平屋顶。

屋顶坡度小于1:10者称为平屋顶。平屋顶的支承结构常采用钢筋混凝土梁板。由于梁板布置较灵活,构造较简单,能适应各种形状和不同大小的平面,当建筑物平面形状比较复杂时,采用平屋顶可使屋顶构造简单,建筑外观简洁。平屋顶由于坡度小,屋面可作为各种活动场地。对农村而言,平屋顶可以作为很好的晾晒场所。但平屋顶由于屋面坡度小,排水慢,屋面积水机会多,易产生渗漏现象,故对屋面排水与防水问题的处理较坡屋顶更为重要。

（2）坡屋顶。

坡屋顶的屋顶坡度较大,雨水容易排除,屋面施工简便,易于维修,而且屋顶形式变化较多,加上瓦材色彩可有多种选择,能使建筑立面更加美观。

采用坡屋顶的建筑,一般要求平面简单,因平面形状复杂会使屋面产生许多斜天沟而容易导致漏水。斜天沟部分冬季易积雪,会增加屋顶附加荷载而加大支承构件尺寸,这是不经济的。

（3）平坡结合屋顶。

采用平坡结合屋顶的建筑,可以利用这两种不同屋面的长处,使建筑外形丰富美观,同时又使建筑构造简单,便于施工。

**（十三）农村住宅在结构材料和施工上有何要求?**

结构材料性能指标应符合下列要求:

（1）实心砖的强度等级:烧结普通砖不应低于 M7.5,蒸压灰砂砖、蒸压粉煤灰砖不应低于 M15。

（2）砌筑砂浆强度等级:烧结普通砖、料石和平毛石砌体不应低于 M7.5。蒸压灰砂砖、蒸压粉煤灰砖不应低于 M10。用于修复及抗震加固时,不应低于 M10,且应比原砌筑砂浆强度等级提高一级。

（3）钢筋宜采用 HPB235（Ⅰ级）和 HRB335（Ⅱ级）热轧钢筋。

（4）铁件、扒钉等连接件宜采用 Q235 钢材。

（5）木构件应选用干燥、纹理直、节疤少、无腐朽的木材。

（6）生土墙体土料应选用杂质少的黏性土。

（7）石材应质地坚实,无风化、剥落和裂纹。

**（十四）农村建房为何要考虑到抗震?**

地震是一种自然现象,是一种严重的自然灾害。目前,对地震仍无法准确预报,只能做好预防。

目前预防的重点是在建筑设计中,对需要进行抗震设防的地区,根据工程实际情况进行抗震设计,采取必要的抗震措施和抗震构造措施。

　　建筑经抗震设防后,可减轻地震对建筑的破坏,有效地减少或避免人员伤亡,减少经济损失。对抗震设防烈度为 6 度及以上地区的建筑,必须进行抗震设计。当遭受低于本地区抗震设防烈度的地震影响时,一般不受损坏或不需修理可继续使用;当遭受相当于本地区抗震设防烈度的地震影响时,可能损坏,经一般修理或不需修理仍可继续使用;当遭受高于本地区抗震设防烈度预估的罕遇地震影响时,不致倒塌或发生危及生命的严重破坏。

　　农村住宅的砖混结构可采用构造柱、圈梁等构造措施,当然采用现浇框架结构就更理想。

　　**(十五)抗震构造有哪些措施?**

　　配筋砖圈梁的构造应满足下列要求:

　　(1)砂浆强度等级:6、7 度时不应低于 M10,8、9 度时不应低于 M15;

　　(2)砂浆层的厚度不宜小于 30 mm;

　　(3)纵向钢筋配置不应少于 2ϕ6;

　　(4)配筋砖圈梁交接(转角)处的钢筋应搭接。

　　开间或进深大于 7.2 m 的大房间,以及 8 度和 9 度时,外墙转角及纵横墙交接处,应沿墙高每隔 750 mm 置 2ϕ6 拉接钢筋或 ϕ4@200 拉接钢丝网片,拉接钢筋或网片每边伸入墙内的长度不宜小于 750 mm,后砌非承重隔墙应沿墙高每隔 750 mm 置 2ϕ6 拉接钢筋或 ϕ4@200 钢丝网片与承重墙拉接,拉接钢筋或钢丝网片每边伸入墙内的长度不宜小于 500 mm,在砌筑承重墙时预留甩出;长度大于 5 m 后砌隔墙,墙顶应与木梁或木檩条连接。

　　门窗洞口可采用预制钢筋混凝土过梁或钢筋砖过梁。当门窗洞口采用钢筋砖过梁时,构造应符合下列规定:

　　(1)钢筋砖过梁底面砂浆层中的纵向钢筋配筋量不应低于表6-1 的要求,间距不宜大于 100 mm,钢筋伸入支座砌体内的长度不宜小于 240 mm。

**表 6-1　钢筋砖过梁底面砂浆层最小配筋**

| 过梁上墙体高度 $h_w$(m) | 门窗洞口宽度 $b$(m) | |
|---|---|---|
| | $b \leqslant 1.5$ | $1.5 < b \leqslant 1.8$ |
| $h_w \geqslant b/3$ | $3\phi6$ | $3\phi6$ |
| $0.3 < h_w < b/3$ | $4\phi6$ | $3\phi8$ |

（2）钢筋砖过梁底面砂浆层的厚度不宜小于 30 mm,砂浆层的强度等级不应低于 M5。

（3）钢筋砖过梁截面高度内的砌筑砂浆强度等级不宜低于 M5。

木屋架、木梁在外墙上的支承部位应符合下列要求:搁置在砖墙上的木屋架或木梁下应设置木垫板,木垫板的长度和厚度分别不宜小于 500 mm、60 mm,宽度不宜小于 240 mm;木垫板下应铺设砂浆垫层;木垫板与木屋架、木梁之间应采用铁钉或扒钉连接。

**（十六）砖砌体施工有哪些要求?**

砖砌体施工应符合下列要求:

（1）砌筑前,砖应提前 1～2 天浇水润湿。

（2）砖砌体的灰缝应横平竖直,厚薄均匀;水平灰缝的厚度宜为 10 mm,不应小于 8 mm,也不应大于 12 mm。水平灰缝砂浆应饱满,竖向灰缝不得出现透明缝、瞎缝和假缝。

（3）砖砌体应上下错缝,内外搭砌;砖柱不得采用包心砌法。

（4）砖砌体在转角和内外墙交接处应同时砌筑。对不能同时砌筑而又必须留置的临时间断处,应砌成斜槎,斜槎的水平长度不应小于高度的 2/3;严禁砌成直槎。

（5）砌筑钢筋砖过梁时,应设置砂浆层底模板和临时支撑;钢筋砖过梁的钢筋应埋入砂浆层中,并设 90°弯钩埋入墙体的竖缝中,竖缝应用砂浆填塞密实。

（6）埋入砖砌体中的拉接钢筋应位置准确、平直,其外露部分在施工中不得任意弯折;设有拉接钢筋的水平灰缝应密实,不得露筋。

(7)砖砌体每日砌筑高度不宜超过1.5 m。

## 三、农村住宅建筑装饰采暖部分

### (一)农村住宅采用什么样的门窗比较好?

在我国,门窗主要有木制门窗、钢门窗、普通铝型材门窗和塑钢门窗。门窗对抗风压、气密性、水密性、保温隔热性和耐久性都有一定的要求。木制门窗耐久性差;钢门窗耐久性、气密性、水密性、保温隔热性也不好;普通铝型材门窗保温隔热性差;只有塑钢门窗这五项指标都优于其他门窗,而且是一种节能、节材、符合环保要求的产品。现在城市已大力推广应用,农村也应大力推广。

### (二)饰面石材有哪几类?

建筑装饰用的饰面石材主要有大理石、花岗石和石灰石三大类。大理石主要用于室内,花岗石主要用于室外,均为高级饰面材料。石灰石则主要用于建筑立面的局部或用于混凝土的骨料。用花岗石作室外饰面装饰效果好,但造价高,因而只能用于公共建筑和装饰等级要求高的工程中。

### (三)为什么大理石不宜用在室外?

大理石的主要成分是碳酸钙,若在室外使用,遇到酸雨时会发生化学反应,对大理石表面进行腐蚀,影响其性能和美观。

### (四)为什么釉面砖只能用于室内,而不能用于室外?

釉面砖是多孔的精陶坯体,在长期与空气中的水分接触过程中,会吸收大量水分而产生吸湿膨胀现象。由于釉的吸湿膨胀非常小,当坯体湿膨胀到使釉面处于拉应力状态,特别是当应力超过釉的抗拉强度时,釉面产生开裂。若用于室外,经长期冻融,会出现剥落掉皮现象。因此,釉面砖只能用于室内,而不能用于室外。

### (五)砖的脱落原因和解决措施是什么?

外墙面砖的脱落大体有两种情况:一是由于砂浆的黏结力不够或砂浆的薄厚不均,造成收缩不一而导致墙面砖自身脱落;二是由于盐析结晶的破坏作用,此时,当基层墙面的黏结性变差而导致墙面砖与底面的砂浆一起脱落。此时,当外墙面的上部受到这种作用时,由于在裂缝起壳处会积聚水分,水结冰后体积膨胀,使裂缝和起壳的范围不断扩大,就会发生大片脱落现象。

解决的措施首先是控制好施工中的各个环节,提高施工镶嵌的质量。例如将基层面清洗干净,以保证砂浆和基层的黏结力。其次是采用优质的粘贴剂,提高黏结强度,使其抗拉黏结强度 ≥1 MPa。最后是严格控制墙面砖的吸水率。当其吸水率控制在 8% 以下时,则可有效地避免墙面砖的脱落。

### (六)如何计算建筑面积?

建筑面积是指按建筑物外墙外围线测定的各层平面面积之和。在住宅建筑中,计算建筑面积的范围和方法如下。

单层建筑物不论其高度如何,均按一层计算,建筑面积按建筑物外墙勒脚以上外围水平面积计算。单层住宅如内部带有部分楼层(如阁楼)也应计算建筑面积。

多层住宅建筑的建筑面积,是按各层建筑面积的总和计算,其底层按建筑物外墙勒脚以上外围水平面积计算,二层或三层以上按外墙外围水平面积计算。

独立柱雨篷,按顶盖的水平投影面积的一半计算建筑面积;多柱雨篷,按外围水平面积计算建筑面积。

封闭式阳台、挑廊按其外围水平投影面积计算建筑面积。凹阳台按其阳台净面积(包括阳台栏板)的一半计算面积。挑阳台按其水平投影面积的一半计算面积。

住宅建筑内无楼梯,室外楼梯按每层水平投影面积计算建筑面积;楼内有楼梯,再设室外楼梯的,其室外楼梯按每层水平投影面积的一半计算建筑面积。

### (七)主要采暖方式有哪些?

#### 1.集中采暖

冬季采暖是中国北方地区住宅必不可少的,主要采用集中供暖。热源供热主体是热力公司或小区锅炉房。目前,国内供暖系统绝大多数是以燃煤、燃气、燃油锅炉作为热源,通过外网或内网与室内系统相连。还有一种集中采暖方式,即中央空调系统。

### 2. 分户采暖

分户采暖方式的特点在于用户可以根据自己的喜好随意选择,同时用热也可以单独计量。随着清洁能源的使用及新技术、新产品的出现,使采暖方式的多元化选择成为可能,集中供暖方式的垄断地位受到挑战。采暖、热水一体化的独立分户采暖等方式纷纷出现,住宅商品化发展,双卫、多卫等大户型、复式、别墅的出现,进一步提高了对家用采暖设备及生活热水的要求。家庭采暖设施和卫生热水一体化被越来越多的房地产开发商看好。

### 3. 家用空调采暖

中国南方地区由于历史习惯,居民住宅中无须预先设置采暖设施,但由于南方湿度大,空气中的水分多,这样反而加速了热传导,导致在南方冬季显得寒冷,一般采用空调取暖。但空调取暖的弊端显而易见:耗电量大,空气干燥,浮尘增多,舒适度差。

### 4. 电暖器

电暖器将其周围的空气加热,热空气上升,冷空气补充进来,然后再对冷空气加热,从而使得冷热空气形成循环,这样就可以快速而有效地给整个房间补给热量,风速平缓且不由风扇吹动,形成空气循环的主要原因是对流,从而有效地避免了排风扇的噪声污染,在加热时没有金属发出的噪声,运行安静。

### 5. 电热膜采暖

电热膜采暖是一种通电后能发热的半透明聚酯薄膜,电热膜采暖方式是以电力为热源,以电热膜为发热体,通过红外电磁波的红外线直接传热,有沐浴阳光的舒适感。但其耗电量大,电能不足的小区不宜使用。

### (八)哪些植物和花卉不能放在房间?

并不是所有的植物和花卉都能放在室内,下面列举一些不宜摆放在室内的植物,提醒农民朋友们注意。

兰花:它的香气会令人过度兴奋而引起失眠。

紫荆花:它所散发出来的花粉如与人接触过久,会诱发哮喘症或使咳嗽症状加重。

含羞草:它体内的含羞草碱是一种毒性很强的有机物,人体过多接触后会使毛发脱落。

月季花:它所散发的浓郁香味,会使一些人产生胸闷不适、憋气与呼吸困难。

百合花:它的香味也会使人的中枢神经过度兴奋而引起失眠。

夜来香(包括丁香类):它在晚上会散发出大量刺激嗅觉的微粒,闻之过久,会使高血压和心脏病患者感到头晕目眩、郁闷不适,甚至病情加重。

夹竹桃:它可以分泌出一种乳白色液体,接触时间一长,会使人中毒,引起昏昏欲睡、智力下降等症状。

松柏(包括玉丁香、接骨木等):松柏类花木的芳香气味对人体的肠胃有刺激作用,不仅影响食欲,而且会使孕妇心烦意乱,恶心呕吐,头晕目眩。

洋绣球花(包括五色梅、天竺葵等):它所散发的微粒如与人接触,会使人的皮肤过敏而引发瘙痒症。

郁金香:它的花朵含有一种毒碱,接触过久,会加快毛发脱落。

黄花杜鹃:它的花朵含有一种毒素,一旦误食,会引起中毒。

# 新农村住宅设计实例

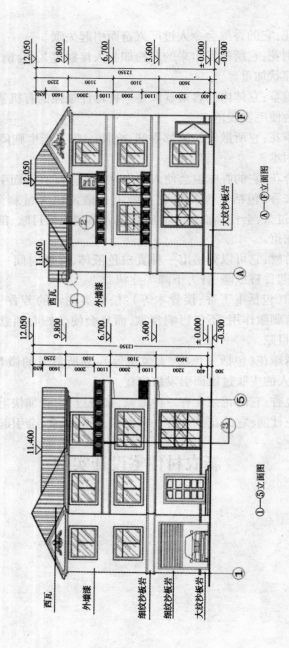

西瓦

外墙漆

细纹砂板岩

细纹砂板岩

大纹砂板岩

①—⑤立面图

西瓦

外墙漆

大纹砂板岩

Ⓐ—Ⓕ立面图

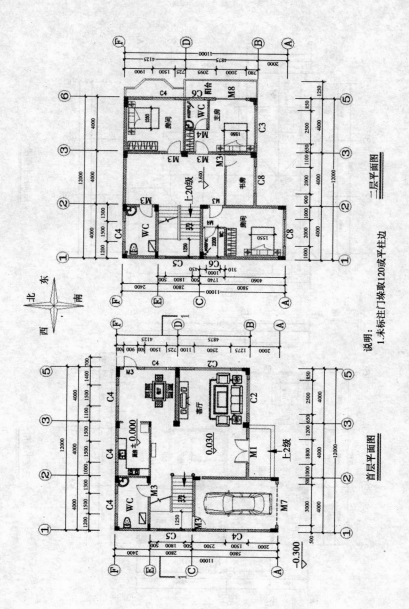

二层平面图

首层平面图

说明：
1. 未标注门垛取门垛取120或平柱边

北 东
西 南

· 105 ·

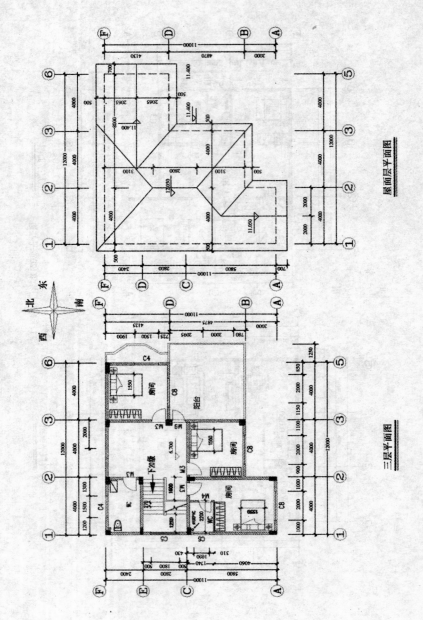

屋面层平面图

三层平面图

东
北 南
西

# 第七章　村庄市政设施规划

村庄市政基础设施内容主要包括村庄内道路、给水、排水、电力、通信、广播电视、燃气（主要为沼气池）、供热和环卫设施等，基础设施是村镇居民生活和生产所必需的基本设施，是村庄进行各项经济和社会活动的保障体系，基础设施的好坏，体现了一个村庄整体生活水平的高低，是衡量经济社会发展的一个重要标志。具体分述如下。

## 给水工程规划

农村给水工程规划的内容包括用水指标和用水量的确定、饮用水源的选择、供水的方式、水压和水质标准、管网的布置和水源保护等，如何来确定和解决这些问题，特别是水源的选择问题关系到村民的饮用水安全，是采用集中供水还是分散供水、是由城市水厂供水还是由区域水厂供水，这些都是我们在做村庄规划时应该考虑的问题。下面针对不同的村庄建设情况以及距离城镇的远近提出村庄给水工程规划的内容。

### 一、村庄给水工程存在的问题

（1）村民农用小压井较多，水井较浅，水质污染严重，这是农村饮用水不安全的主要原因。

（2）虽有集中供水井，但水井太浅，水质较差，供水没有保证。

（3）安全饮水工程较少。

（4）水资源浪费严重，缺乏统一规划、优化配置和宏观管理工作。

## 二、给水系统的选择

给水系统的选择应根据当地的规划、城市给水管网延伸的可能性、水源、用水要求、经济条件、技术水平、地形、地质、能源条件等因素进行方案综合比较后确定。

靠近城镇的村庄,应依据经济、安全、实用的原则,优先考虑采用城镇给水管网延伸供水;距离城镇较远的村庄,应建设给水工程,联村、联片供水;经济条件较好的村庄单村供水,采用安全饮水工程,集中统一供水;无条件建设集中式给水工程的村庄,可采用单户或联户分散式给水方式(雨水收集给水系统、手动泵给水系统、引泉池给水系统)。

## 三、给水系统常用工艺流程

(1)对地下水水源,可采用下列工艺流程:

原水水质符合现行国家标准《地下水质量标准》规定的Ⅲ类以上水质指标时,可采用如下工艺流程:

①自流式:高地泉水—泉室—消毒剂—高位水池—管网—用户;

②抽升式:地下水—管井(大口井、渗渠)—水泵—消毒剂—调节构筑物—管网—用户。

当地下水含铁、锰、氟、砷以及含盐量超过现行国家标准《生活饮用水卫生标准》规定的水质指标限值时,应进行特殊水的净化处理,可采用接触氧化法、活性氧化铝吸附法、电渗析法、混凝沉淀法、反渗透法、离子交换法等。

(2)对地表水水源,常可采用下列工艺流程:

①地表水—混凝剂—水泵—净水塔—消毒剂—管网—用户;

②地表水—混凝剂—水泵—一体化净水装置—消毒剂—水泵—管网—用户。

(3)在缺水地区,可采用雨水收集给水系统,其工艺流程如下:

降雨—雨水收集场—净水构筑物—蓄水池—消毒剂—用户。

（4）有良好水质的地下水源地区，可采用手动泵给水系统，其工艺流程如下：

地下水—手动泵—消毒剂—用户。

## 四、村庄用水量估算

生活用水定额应根据当地经济和社会发展、水资源充沛程度、用水习惯，在现有定额的基础上，结合村庄规划实际，本着节约用水的原则，综合分析确定；生产用水按产品生产实际用水量计算；消防等不可预见水量用水，按最高日用水量的 20%～30% 来考虑。

## 五、水质要求

生活饮用水的供水水质应符合现行国家标准《生活饮用水卫生标准》的有关规定。

## 六、水压的有关规定

当按直接供水的建筑层数确定给水管网水压时，其用户接管点处的最小服务水头，应符合下列规定：单层为 10 m，二层为 12 m，二层以上每增加一层其服务水头增加 4 m。

水塔一般设置在地形高处，水塔高度、水泵选择及变频供水要满足水压要求。

## 七、水源的选择

水源选择必须进行水资源的勘察，所选水源应水质良好，水量充沛，易于保护。

村庄水源多采用地下水源，水质应符合现行国家标准《地下水质量标准》的规定，不能满足标准时，应采取相应的净化工艺，使处理后的水质符合现行国家标准《生活饮用水卫生标准》的要求。用地下水作为供水水源时，取水量应小于允许开采量。

## 八、管网布置

结合道路网规划,合理布置输配水管网,为了保证供水的安全可靠性,供水主干管一般采用环状布置。

## 九、水源保护

对生活饮用水的水源,必须建立水源保护区。保护区内严禁建设任何可能危害水源水质的设施和一切有碍水源水质的行为。水源保护应符合下列要求。

**（一）地下水源保护**

（1）地下水源保护区和井的影响半径范围应根据水源地所处的地理位置、水温、地质条件、开采方式、开采水量和污染源分布等情况确定,单井保护半径应大于井的影响半径且不小于 50 m。

（2）在井的周围半径范围内,不应使用工业废水或生活污水灌溉和施用持久性或剧毒的农药,不应修建渗水厕所和污废水深水坑、堆放废渣和垃圾或铺设污水渠道,不得从事破坏深层土层的活动。

（3）雨季时应及时疏导地表积水,防止积水入渗和漫溢到井内。

（4）渗渠、大口井等受地表水影响的地下水源,其防护措施应遵照第（2）条执行。

**（二）地表水水源保护**

（1）取水点周围半径 100 m 的水域内,严禁可能污染水源的任何活动,并应设置明显的范围标志和严禁事项的告示牌。

（2）河流取水点上游 1 000 m 至下游 100 m 的水域内,不得排入工业废水和生活污水;其沿岸防护范围内,不得堆放废渣、垃圾及设立有毒、有害物品的仓库或堆栈;不得从事有可能污染该段水域水质的活动。

（3）以水库、湖泊和池塘为供水水源或作预沉池的天然池塘、输水明渠,应遵照第（1）条执行。

# 排水工程规划

## 一、村庄的排水现状

我国农村有些落后地区大部分生活污水未经处理就就近排入沟渠、河流池塘,造成地表水和地下水污染。这是因为污水中有较多的有机物,如蛋白质、动植物脂肪、碳水化合物、尿素和氨、氮等物质,还含有肥皂和合成洗涤剂等,以及常在粪便中出现的病原微生物,如寄生虫卵和肠系传染病菌等。这不仅同样危害水体和土壤中原生物的生长,而且产生一些有毒和恶臭的气体,毒化周围生态环境,使浅层地下水受到污染,村民饮用水水质得不到保证。

另外,一些乡镇企业大量废水未经处理就直接排放,使河道污染,微生物生长受到抑制,水体自净能力受到影响。

因此,农村生活、生产污水直接排放的后果,就是地表水质量严重下降、河道污染、疾病传播等,影响村民的身体健康,水生动植物消亡,生态平衡遭到破坏。

## 二、村庄排水的一般规定

(1)村庄排水宜采用雨污分流制。
(2)雨水沟渠宜与路边沟结合。
(3)干旱、半干旱地区应收集利用雨水。
(4)粪便污水不得直排,必须经沼气池或化粪池处理;处理后的熟污泥可供农田利用。
(5)专业养殖户污水、工业废水必须处理,并应符合排放标准后排放或综合利用。

## 三、排水体制的选择

村庄排水按照技术规定宜采用雨污分流制,但也不能一概而论,要结合村庄实际,因地制宜地选择排水体制。对于城中村及城区周边镇村,距离市政污水管网较近的,则结合城镇排水情况选择和城镇排水一样的排水体制,雨污水纳入城镇排水体系统一处理;新建村庄、经济条件较好的、有工业基础的村庄宜采用雨污分流制;对于条件不具备的小型村庄可选择雨污合流制,但在污水排入系统前,应采用化粪池、生活污水净化沼气池等方法进行预处理;山区村庄则要结合实际情况建设,选用只建污水系统或分散排放,雨水就近随地势排放的系统。

### 四、农村雨污水处理方式

(1)村庄污水采用集中式或分散式处理方式。

(2)生活污水规划应结合村庄实际情况,污水排放前,应采用化粪池、生活污水净化沼气池等方法进行处理,有条件的村庄可设置一体化污水处理设施集中处理。

(3)靠近城镇的村庄,结合实际,排水宜采用雨污分流制,污水纳入城镇污水系统,由城镇污水处理厂、站集中处理。

(4)远郊型村庄和相对孤立的村庄,为了节约资源,便于统一管理,可考虑以中心村为单位或相邻几个村庄相结合的联片式区域污水集中处理方式。

(5)畜禽养殖业废水不得排入敏感水域和有特殊功能的水域,水污染物排放标准应符合《畜禽养殖业污染物排放标准》。

(6)工业废水应由单位自行处理,达标后排入村庄排水系统,不得暴露或污染村庄生活环境。

(7)雨水排水规划根据村庄的实际情况,采用雨水管道或者雨水沟渠,就近排入河流或沟壑。

### 五、农村污水处理设施

农村生活污水治理既是新农村建设中的一个难题,也是农村环境治理的一个重点。畜禽粪便、工业污水、生活污水、化肥污染加之缺少水处理设施等，使农村的水污染问题错综复杂，治理难题也比较突出。那么如何选择污水处理设施，选择什么样的污水处理设施才能适合农村污水的处理能力呢？这要结合村庄实际情况来选择不同的处理设施。

要按照统筹城乡发展的思路，统筹考虑农村的环境基础设施建设，能纳入城镇体系的尽量纳入；要因地制宜，采用分散治理和集中治理相结合的方式进行改造。对于畜牧业较发达的农村，采用沼气处理技术，结合改厕、改厨、改栏，综合处理畜禽粪尿和生活污水；积极推广生活污水湿地处理模式，充分利用农村池塘、水田的自净能力，结合农村景观建设，开展清淤清洁、养鱼养萍行动，恢复和重建湿地生态系统。

对于一般的生活污水，大都采用化粪池处理；生活污水处理性能优于化粪池的是污水净化沼气池技术；对于经济发展条件较好的农村地区，活性污泥法和生物膜法是较为有效的污水处理方法；农村住宅分散，全部进行集中处理，将面临污水收集管网投资的巨大压力。所以，污水的自然生物处理则较为实用，其中古老的污水处理技术——氧化塘，不失为一种有效手段。

适合农村污水处理的方法还有很多，如人工生态湿地、无动力厌氧、跌水器等，因此要积极探索，因地制宜，对分散农户产生的生活污水引进技术实行就地处理。

### 六、农村污水处理污泥的最终处置

对于污水处理产生的大量污泥，最终处置与利用的主要方法有：作为农肥利用、污泥堆肥、建材利用、填池等。

### 七、常见问题

#### （一）排水沟断面尺寸的确定方法

排水沟断面尺寸主要是依据排水量的大小以及维修方便、堵塞物易清理的原则而定。通常情况下,户用排水明沟深×宽为20 cm×30 cm,暗沟为30 cm×30 cm;分支明沟深×宽为40 cm×50 cm,暗沟为50 cm×50 cm,主沟明沟均需50 cm以上。为保证检查维修清理堵塞物,每隔30 m和主支汇合处设置一口径大于50 cm×50 cm、深于沟底30 cm以上的沉淀井或检查井(圆形检查井直径应大于60 cm)。

**(二)排水沟排水坡度的确定**

以确保水能及时排尽为原则,平原地带排水沟坡度一般不小于0.5%,山地村庄为了避免排水坡度过大,沟底冲刷现象严重,影响排水沟的使用寿命,原则要求其排水坡度不宜大于3%,可于适当位置增加跌水井,以避免与路面坡度不协调,减少工程土方量。

**(三)排水沟材料选择**

根据村庄经济条件和自然资源状况选择适合的本地材料。无条件的村庄要按照规划挖出排水沟;有条件的村庄要逐步建永久性排水沟,材料可以用砖砌筑、水泥砂浆粉刷,也可以用毛石砌筑、水泥砂浆粉刷。沟底垫层为不小于5 cm厚的混凝土,条件优越的地方可以用预制钢筋混凝土管或现浇混凝土。

# 电力工程规划

## 一、用地负荷预测

结合村庄现状用电水平,合理确定用电指标,预测用电负荷。供电负荷一般采用户均负荷预测,依据村庄总户数,估算村庄用电负荷,确定村庄变压设备的容量大小。

## 二、供配电设施的设置

确定村庄电源点的位置、主变容量、电压等级及供电范围;配电电压等级、层次及配电网接线方式,预留配电站的位置,确定规模等级、变压器的布点符合小容量、多布点、近用户的原则,减少电力损耗。配电设施应保障村庄道路照明、公共设施照明和夜间应急照明的需求。

## 三、供电电源

供电电源的确定和变电站站址的选择应以乡镇供电规划为依据,并符合建站条件,线路进出方便和接近负荷中心。村庄的供电电源一般由乡镇 110 kV 变电站或 35 kV 变电站供给,由其他变电站作为补充电源。

## 四、电力线路的敷设

### (一)10 kV 主干电力线路的走向

供电电源至各村庄的 10 kV 主干线配电线路沿村庄主要道路、河渠、绿化带架设。路径选择应做到短捷、顺直,减少同河渠、道路、铁路的交叉。

重要公共没施、用电大户应单独设置变压设备或供电电源。

### (二)低压电力线路的走向

村庄低压干线一般采用绝缘电缆架空方式敷设,干线截面不宜小于 70 mm$^2$,供电半径不宜超过 250 m。

### (三)电力线路的敷设

为了满足村庄高标准建设需求,道路上 10 kV 线路宜采用电缆沟敷设,低压配电线路宜采用穿管直埋敷设,与道路同步施工,并与通信线路分置道路两侧;宅前道路上低压电力线要沿建筑后墙走线,进入住户,沿后墙的线路要统一高度,保证整洁美观。

## 五、常见问题

### (一)农村建筑供电电压为多少? 电能质量有何要求?

中高压供电:10 kV;低压供电:单相 220 V,三相 380 V。

每户用电容量在 16 kW 及以上采取三相四线制供电,小于 16 kW 可采取单相供电。

正常情况下,用电设备受电端的电压允许偏差值为:一般电动机 ±5% ,一般照明 ±5% ,道路照明 ±10% 。

对于三相四线制供电回路应尽量做到三相负荷平衡。

**(二)低压配电线路应设哪些保护装置?**

低压配电线路应设短路保护、过负荷保护、接地故障保护装置。

短路保护是当线路或设备发生短路故障时,避免线路、设备损坏或保障范围扩大而设置的保护装置。

**(三)何为安全低电压?**

不使人致死或致残的安全电压极限值称为安全低电压。此电压值正常环境为交流 50 V,直流 120 V;潮湿环境为 24 V;特别潮湿环境(如淋浴室)为 12 V。国内常用的安全电压有 48 V、36 V、24 V、12 V、6 V 等。

**(四)常用的低压保护电器有哪些?**

常用的低压保护电器有熔断器(俗称保险丝)、断路器(俗称自动空气开关)、漏电断路器等。

**(五)常用的低压电线电缆有哪些?**

(1)BV 型聚氯乙烯绝缘铜芯电线;

(2)BVV 型聚氯乙烯绝缘保护套铜芯电线;

(3)RV 型聚氯乙烯绝缘铜芯软电线;

(4)VV 型聚氯乙烯绝缘铜芯电缆;

(5)VV22 型铠装聚氯乙烯绝缘铜芯电缆;

(6)YJV 型交联聚乙烯绝缘铜芯电缆;

(7)YJV22 型铠装交联聚乙烯绝缘铜芯电缆。

# 通信工程规划

## 一、电信规划

### (一)电话量预测
电话量包括固定电话需求量及移动电话用户数量。

### (二)通信设施规划
结合体系通信工程规划,综合考虑村庄通信设施布置,村庄一般设置模块局,和公共服务设施统一配套,相对集中建设,并合理建设移动电话基站。

### (三)通信线路敷设
村庄的通信线路一般采用架空方式敷设,为了满足村庄的高标准建设需求,经济条件较好的村庄,电信线路宜采用电缆穿 PVC 保护管地下直埋方式敷设,与电力线分置道路两侧;宅前道路上电信线要沿建筑后墙走线,进入住户,沿后墙的线路要统一高度,整洁美观。

## 二、邮政规划

村庄邮政设施建设结合体系邮政设施规划,一般规划建设村邮站(兼办邮政业务,解决"三农"问题),可结合村委会或村庄文化大院等公共服务设施设置。

## 三、广播电视规划

实现网络社会化,有线广播电视网络功能得到空前发挥,作用渗透到社会的各个领域;完成所有有线电视模拟信号向数字信号的整体平移,实现高清晰度数字电视的播出;建设网络智能管理系统,进一步提高网络的安全性;扩大广播电视的有效覆盖,实现自然村"村村通广播电视"。

## 四、通信线路敷设

通信线路建设通道应统一布局，共建共享，避免各自为政，重复建设。

## 五、通信工程常见问题

### （一）农村通信和有线电视线路如何敷设？

室外通信和有线电视线路可采用直埋地电缆方式、电缆管道、综合管沟内的托架及架空电缆等敷设方式。室内可采用明、暗两种配线方式。

### （二）有线电视插座及电话终端的出线口的数量如何确定？

一般住户，每户设置一个有线电视终端插座及一个电话终端出线口；高级住宅，每户设置两个有线电视终端插座及两个电话终端出线口。

# 燃气工程规划

## 一、村庄能源的发展趋势

我国大部分人口分布在农村，大部分生活用能也分布在农村，相对于较大的生活用能需求，村庄可直接利用的能源资源量十分有限；同时，我国农村地区还存在能源利用效率低、能源利用方式落后、能源浪费严重的问题。

大部分的村民还是以传统燃料为燃料来源，如秸秆、煤，经济条件好的用瓶装液化石油气。同时，燃料室内燃烧及不完全燃烧会降低氧气含量，增加二氧化碳等有害物质含量，给空气带来较大污染。长期处在被污染的空气中，人体健康会受到影响，甚至会引发各类中毒事件。

受村庄区位、自然条件、经济条件、传统习惯的制约，不同地区各类能源的资源分布、利用成本等差异较大,呈现出不同的发展模式和发展速度。当前,以压缩秸秆颗粒、复合燃料等代替燃煤、传统燃柴作为炊事用能,是村庄用能向优质能源转变的重要方式之一。

可再生能源指在自然界中可以不断再生、永续利用、取之不尽、用之不竭的资源,它对环境无害或危害极小,而且分布广泛,可以就地开发和利用,主要包括太阳能、风能、水能、沼气能、生物质能源和地热能等。发展可再生能源,有利于保护环境,并可增加能源供应,改善能源结构,保障能源安全。

## 二、村庄燃气来源

随着城市的发展,各项基础设施的完善,也为了加强市、镇基础设施向农村地区延伸,保证一定空间距离内的城市、镇、乡和村庄在资源调配、生活供应、设施共享等方面能够实现相互依存、紧密联系、避免各自为政、重复建设、资源浪费,规划燃气管道向城市郊区、乡镇及燃气管道尚未普及的地区延伸。靠近城市规划区的村庄、社区,就近选择城市管道燃气,由城市燃气管网统一供气;远郊型的村庄,可采用沼气、液化石油气,建设秸秆气化站;随着新农村建设的推进,社区建设为集中供气提供了条件,管道燃气必将为新农村建设起到积极的推进作用,规划时要同步敷设中压管道,预留燃气管道接口,逐步实现统一供气。

## 三、新技术的运用

### (一)沼气池

沼气是有机物质在厌氧环境中,在一定的温度、湿度、酸碱度的条件下,通过微生物发酵作用产生的一种可燃性气体。目前,我国沼气工程成套技术能较好适应原料特性差异,而且具有投资小、运行费用低的优点。沼气建设是农村的一项造福工程,又是清洁能源,为保护环境、节约能源、方便农民生活起到了很好的作用,在农村也得到了很好的推广和利用。

## (二)秸秆气化技术

在我国部分村庄已经建立了秸秆气化集中供气示范工程,生产的燃气可用于炊事,较为便利;类似技术应继续进行试点、完善,条件成熟后可逐步推广利用。

## 四、常见问题

### 农村如何利用沼气?

沼气是一种清洁能源,对保护生态、节约能源、方便农民生活起到了很好的作用,值得在农村进行大力推广。要科学合理地利用沼气,必须遵循以下步骤:

(1)科学选址,沼气池选择在就近厨房、方便下料和出料的地方,坚持与畜圈、厕所结合修建,应选择地基好的位置,尽量避开地下水和软弱基础。

(2)选择合格的建池材料。水泥必须使用合格标号的新鲜水泥,沙应该选择干净的河沙,以中粗沙最好。石子的粒径一般为2cm的小石子。沙石中不允许有泥土等杂质。

(3)要请合格的沼气技工建池,必须持有国家职业资格证书的技工才有资格建池。

(4)必须购买合格的沼气设备,包括输气管道、压力表、开关、灯具、接头等。各地农村能源管理部门都有专门的供应点,不要随意代用,否则影响使用。

(2)、(3)、(4)步骤也可以用国家推广的高分子聚合材料沼气池代替。

(5)一定要安装出料器,一个沼气池有100多担肥料,若不安装出料器,出料时必须人下池,这样不仅累、脏,而且容易产生窒息,出现危险。安装出料器后,出料既方便又省力,就像用压水井压水一样,需要用肥料时,随用随取,十分方便。

(6)把好沼气池的质量检验关。沼气池建好后一定要搞好试压检验,就是按国家标准,坚持沼气技工、质量检验员和用户三方共同验收,试压检验与点火用气效果同样合格才行。试压不合格的沼气池不得投料,必须返工,重新试压检验,直至合格方可投料使用。

# 供热工程规划

## 一、村庄供热热源

靠近城市规划区的村庄、社区,就近选择城市供热管道,由城市供热管网统一供热;远郊型村庄,可采用太阳房、地热、集中式锅炉房供热。

## 二、供热设施及新技术的运用

### (一)太阳能热水器

太阳能热水器是一种利用太阳能通过能量交换把水加热的装置。一般由集热器、贮热装置、循环管路和辅助装置组成。

### (二)太阳房

太阳房是太阳能热利用比较好的形式之一,分为主动式和被动式两大类。

### (三)地热

地热供暖在我国已大量采用,但受成本、回灌、环保等因素制约,村庄采暖及制冷尚不具备使用地热的条件。在高温地热资源丰富的地区,可建立地热电站,解决缺电地区生活用电问题。

### (四)热泵技术

热泵技术通过装置吸收周围环境的低温热源的热能,转换为较高温热源释放至所需空间内,既可用做供热采暖设备,也可用做制冷降温设备,能节约大量能源。

# 环卫设施规划

## 一、公共厕所规划

确定公共厕所的位置、数量、规模和等级,提出粪便污水的处理建议,并设置专门的环卫工人对公共厕所进行定期清扫和维护。

村庄公共厕所的服务半径一般为 300 m,均应为无害化卫生厕所,等级不应低于三级标准。对粪便污水的处理可以选择建设大型的蓄粪池,便于作肥料提供农田再利用;或者用做沼气池的下料,方便村民使用。

## 二、垃圾的收集

垃圾必须及时清运处理,否则会给周围环境带来影响,甚至会对村民的健康造成危害。

为了方便居住户清倒垃圾,每 70 m 服务半径设置一只垃圾箱(筒)或一个垃圾房,并配有可开启的倒垃圾口板,防蝇防鼠。

各住户应尽量减少垃圾量,节省清运和处理费;大力宣传推动垃圾分类收集,有利于综合利用,实现资源化,化害为利。

## 三、垃圾的运输

村庄应设专人清扫、收集垃圾,运送至乡镇中转站,再转送至县(市)集中处理站处理。

## 四、常见问题

### (一)农村生活垃圾如何收集?

农户生活中所产生的固体废弃物称为生活垃圾,其特性日渐城市化,除蔬菜、根、叶等有机物外,塑料、玻璃、金属、灯管、电池、纸张、木器等废品较多。因此,农村生活垃圾在气温稍高季节易发生有机腐烂、渗沥水漫流、发出恶臭、蚊蝇滋生，甚至还会产生有毒有害物质，这些物质向外渗透，污染环境，危害人们身体健康。所以，必须及时清运处理。

为了方便居住户清倒垃圾，每 70 m 服务半径设置一只垃圾箱（筒）或一个垃圾房，并配有可开启的倒垃圾口板，防蝇防鼠。

国家积极提倡生活垃圾减量化、分类收集和资源化。各住户应尽量减少垃圾量，节省清运和处理费；大力宣传推动垃圾分类收集，有利于综合利用，实现资源化，化害为利。

**（二）农村生活垃圾如何运输？**

村庄应设专人清扫、收集垃圾，运送至乡镇中转站，再转送至县（市）集中处理站处理。

**（三）农村生活垃圾如何处理？**

要鼓励住户将有机垃圾分放用做农肥或用做沼气原料；或以村庄为单位，建立田头堆肥坑或沼气池，将分类收集或几种分拣出的有机垃圾送至堆肥坑，分层覆土浇适量水，待腐熟后挖出作农肥或送入沼气池生产沼气供农户使用，沼渣作农肥，生产绿色植物；将可利用的垃圾（塑料、玻璃、纸、木材）出售给有关部门，进行综合利用；将碎砖等无机垃圾用做路基和墙基材料，或者填坑洼地。

# 第八章　村庄环境保护规划

农村环境保护是我国环境保护的重要组成部分,是着力解决影响广大人民群众身体健康的突出问题。《中共中央国务院关于推进社会主义新农村建设的若干意见》和《国务院关于落实科学发展观加强环境保护的决定》都明确提出了保护和改善农村环境,提高农民生活质量和健康水平,促进社会主义新农村建设的内容。以建设社会主义新农村和农村小康环保行动为契机,科学布局生产生活用地,合理规划村庄建设规模,完善农村基础设施建设,改善农村生产生活条件;加强农业面源污染治理,推广农业生产节能减排技术,改善农业生态系统,达到城乡生态系统和谐发展。由此可以看出,农村生态环境保护工作已经被提上了重要日程。

## 农村环境保护的紧迫性和意义

农村环境保护工作,经过多年努力,虽取得了较大进展,但是,我国农村环境形势仍然十分严峻,点源污染与面源污染共存,生活污染和工业污染叠加,各种新旧污染相互交织;工业及城市污染向农村转移,危及农村饮水安全和农产品安全;农村环境保护的政策、法规、标准体系不健全;一些农村环境问题已经成为危害农民身体健康和财产安全的重要因素,制约了农村经济社会的可持续发展。

加强农村环境保护是落实科学发展观、构建和谐社会的必然要求;是促进农村经济社会可持续发展、建设社会主义新农村的重大任务,一旦农民赖以生存的环境受到污染,农村经济发展就会受到严重制约;是建设资源节约型、环境友好型社会的重要内容;是全面实现小康社会宏伟目标的必然选择。我们要提高对农村环境保护工作重要性和紧迫性的认识,统筹城乡环境保护,把农村环境保护工作摆在更加重要和突出的位置,下更大的气力,做更大的努力,切实解决农村环境问题。

# 当前农村突出的环境污染问题

## 一、化学品造成的污染

化学品污染主要是指由化肥、农药、农用薄膜等对水体、土壤和产品造成的污染。农用化学品的大量使用、施肥结构不合理和施药不当,化肥和农药的利用效率低、流失率高,不仅严重污染土壤,通过农田径流加重了水体的有机污染和富营养化,而且还通过受污染农产品的销售直接威胁到了消费者的身体健康。

## 二、工业养殖业造成的污染

很多地方污染型企业有向农村地区转移的趋势,把污染严重的企业直接搬出城区建到农村,乡镇企业中一些主要污染物的排放量已接近或超过工业企业污染物排放量的一半以上。

## 三、生活垃圾造成的污染

因为基础设施建设滞后和管理的缺失,致使无害化处理率低,生活垃圾一般都直接排入周边环境,这些未经任何处理的废弃物越来越多地被堆放到城镇周边的农村原野,造成严重的环境污染。

## 四、非环保的开发造成的污染

一些农村地区大量开矿、挖河取沙、毁林垦殖、围湖造田,对生态系统功能造成严重破坏。

# 解决农村环境问题的对策

## 一、加强农村饮用水水源地环境保护和水质改善

把保障饮用水水质作为农村环境保护工作的首要任务,重点抓好农村饮用水水源的环境保护和水质监测与管理,根据农村不同的供水方式采取不同的饮用水水源保护措施。集中饮用水水源地应建立水源保护区,加强监测和监管,坚决依法取缔保护区内的排污口,禁止有毒有害物质进入保护区。加强农村地下水资源保护工作,开展地下水污染调查和监测。抓好农村人畜饮水工程,实施农村安全人畜饮水工程,保证农村饮用水的安全可靠。

## 二、推进农村生活污染治理

因地制宜地开展农村污水、垃圾污染治理。逐步推进县域污水和垃圾处理设施的统一规划、统一建设、统一管理。有条件的小城镇和规模较大的村庄应建设污水处理设施,城市周边村镇的污水可纳入城市污水收集管网,对居住比较分散、经济条件较差村庄的生活污水,可采取分散式、低成本、易管理的方式进行处理;大力推广应用秸秆气化、太阳能、沼气等洁净能源。结合建设沼气池,积极推动农村改圈、改厕、改厨,使农村生活废水、粪便的处理与农业生产模式相结合,实现废物的综合利用;积极探索"户集中、村落收集、乡(镇)处理"和"户集中、村落社区收集—乡(镇)转运—县定点处理"的垃圾集中处理方法,逐步实行城乡垃圾统一处理,提高垃圾无害化处理水平。

## 三、严格控制农村地区工业污染

加强对农村工业企业的监督管理,防治农村地区工业污染。采取有效措施,防止城市污染向农村地区转移、污染严重的企业向西部

和落后农村地区转移。严格执行国家产业政策和环保标准,杜绝污染严重和落后的生产项目、工艺、设备等的企业在农村地区死灰复燃。

## 四、畜禽、水产养殖业的污染防治

认真做好农村污染防治工作,规范畜禽养殖业规模,积极推广粪便干湿分离、沼气化处理、复合肥加工及生态养殖等技术,促进畜禽养殖业水污染防治水平的进一步提高。结合实际划定"禁养区"、"限养区"工程,确立禁养区域,改变人畜混居现象,改善农民生活环境;鼓励建设生态养殖场和养殖小区,通过发展沼气、生产有机肥和无害化畜禽粪便还田等综合利用方式,重点治理规模化畜禽养殖污染,实现养殖废弃物的减量化、资源化、无害化;对不能达标排放的规模化畜禽养殖场实行限期治理等措施。开展水产养殖污染调查,根据水体承载能力,确定水产养殖方式,控制水库、湖泊网箱养殖规模。加强水产养殖污染的监管,禁止在一级饮用水水源保护区内从事网箱、围栏养殖;禁止向库区及其支流水体投放化肥和动物性饲料。

## 五、农业面源污染综合治理

综合采取技术、工程措施,控制农业面源污染。大力推广测土配方施肥技术,实施沃土工程,推广应用有机肥、高效低毒低残留农药和可降解农膜,倡导使用生物质农药,降低农药、化肥使用强度。进行种植业结构调整与布局优化,在高污染风险区优先种植需肥量低、环境效益突出的农作物。推行田间合理灌排,发展节水农业。

划定秸秆禁烧区,严禁焚烧秸秆,保证农村生态环境良好。

关停淘汰能耗高、污染重的轮窑,减少砖瓦行业对农村大气环境的污染,大力推广节能措施,减少烟尘、二氧化硫的排放量。

## 六、防治农村土壤污染

加强对主要农产品产地、污灌区、工矿废弃地等区域的土壤污染监测和修复示范。积极发展生态农业、有机农业，严格控制主要粮食产地和蔬菜基地的污水灌溉，确保农产品质量安全。

### 七、加强农村自然生态保护

以保护和恢复生态系统功能为重点，营造人与自然和谐的农村生态环境。坚持生态保护与治理并重，加强对矿产、水力、旅游等资源开发活动的监管，努力遏制新的人为生态破坏。重视自然恢复，保护天然植被，加强村庄绿化、庭院绿化、通道绿化、农田防护林建设和林业重点工程建设。加快水土保持生态建设，严格控制土地退化和沙化。采取有效措施，加强对外来有害入侵物种、转基因生物和病原微生物的环境安全管理，严格控制外来物种在农村的引进与推广，保护农村地区生物多样性。

### 八、大力开发农村可再生资源

建设户用沼气池，带动农户改厨、改厕、改圈，因地制宜地推广北方"四位一体"和南方"猪－沼－果"等能源生态模式，促进循环农业发展。推进秸秆气化、固化，适度发展能源作物、风能和微水电，鼓励农民使用太阳能热水器、太阳灶，大力推广沼气、太阳能等新型清洁能源，改善农村能源结构。

结合规模化养殖业的发展，大力推广大中型沼气工程，提高秸秆、禽畜粪便等农业废物的综合利用率，减少农业面源和禽畜养殖污染物排放量。

# 农村环境保护工作措施

### 一、完善农村环境保护的政策、法规、标准体系

研究制定村镇污水、垃圾处理及设施建设的政策、标准和规范，逐步建立农村生活污水和垃圾处理的投入与运行机制。加快制定农

村环境质量、人体健康危害和突发污染事故相关监测、评价标准和方法。

## 二、建立健全农村环境保护管理制度

加强农村环境保护能力建设,加大农村环境监管力度,逐步实现城乡环境保护一体化。建立村规民约,积极探索加强农村环境保护工作的自我管理方式,组织村民参与农村环境保护,深入开展农村爱国卫生工作。

## 三、加大农村环境保护投入

地方各级政府应在本级预算中安排一定资金用于农村环境保护,加大对重要流域和水源地的区域污染治理的投入力度。加强投入资金的制度安排,研究制定乡镇和村庄两级投入制度。引导和鼓励社会资金参与农村环境保护。

## 四、增强科技支撑作用

推动农村环境保护科技创新,大力研究、开发和推广农村生活污水与垃圾处理、农业面源污染防治、农业废弃物综合利用以及农村健康危害评价等方面的环保实用技术。

## 五、加强农村环境监测和监管

加强农村饮用水水源地、自然保护区和基本农田等重点区域的环境监测。严格建设项目环境管理,依法执行环境影响评价和"三同时"等环境管理制度。禁止不符合区域功能定位和发展方向、不符合国家产业政策的项目在农村地区立项。加大环境监督执法力度,严肃查处违法行为。研究建立农村环境健康危害监测网络,开展污染物与健康危害风险评价工作,提高污染事故鉴定和处置能力。

## 六、加大宣传、教育与培训力度

开展多层次、多形式的农村环境保护知识宣传教育,树立生态文明理念,提高农民的环境意识,调动农民参与农村环境保护的积极性和主动性,推广健康文明的生产、生活和消费方式。开展环境保护知识和技能培训活动,培养农民参与农村环境保护的能力。

# 常见问题

**（一）什么是"三清"?**

清沟排水、清除障碍和清理垃圾。

**（二）什么是"四改"?**

改水:把传统的水井、自配井改成统一供水,把水质、水量得不到保证的地表浅层滞水水井改造为水质水量较好的深水井。

改厕:把传统的旱厕和露天厕所改造为水冲式厕所,同时加化粪池对粪便进行化粪处理,避免蚊虫滋生。

改路:把村内原有土质路面改造成硬化路面,提高村内的通行能力。

改院:把原来人畜共存的院落结构改造成人畜分离式的,村内单独辟出养殖小区,在实现规模养殖的同时,提升村民居住生活品质,保证居民生命安全。

**（三）什么是"三配套"?**

一是基础设施配套;二是公用设施配套;三是生活设施配套。

# 第九章　村庄的抗震与防灾规划

当今社会,水灾、火灾、地震等自然灾害频发,对人民群众生命财产造成的危害越来越大,从而产生了许多社会不和谐因素,实现社会和谐,建设美好社会,始终是人类孜孜以求的一个社会理想。农村是社会的细胞,农村安全和谐是社会和谐的基础,也是构建社会主义和谐社会的一项重要内容,建设安全的农村也为构建社会主义和谐社会奠定了坚实的基础。新形势下,如何有效应对各种突发灾害,让人民群众满意,建设安全农村,构建和谐社会,给我们的防灾减灾工作提出了新的更高的要求。

## 减灾防灾在社会主义新农村建设中的重大意义

### 一、减灾防灾是新农村建设强有力的安全保障

灾害作为一种永恒的现象,是不可能完全避免的。农村灾害中无论是自然灾害,还是人为灾害,都是对农村财富和农村生产力的破坏,是农村经济社会发展的反向推动力量。灾害损失不仅与灾害变化的强弱有关,还与财富存量的多寡有关,即当发生特定量级的灾害时,社会财富总量越大,灾害损失越大,灾害损失和社会财富总量之间呈正相关关系。随着经济的增长,一个地区的经济规模不断扩大,个人积累的财富不断增多,但在灾难面前的脆弱性也在增强,一旦发生灾难,就会对地方、家庭以及个人造成巨大的损失,甚至使长期劳动积累的财富瞬时化为泡影,因灾致贫、因灾返贫,成为一些地区长期难以摆脱贫困的重要原因。因此,在农村经济与社会财富密集程度不断提高和农村灾害发生的频率与损失破坏程度加大的双重背景

下,减灾防灾就是增产,减灾防灾就是对农村生产力的保护,也是促进农村经济发展积极而有效的基本措施,成为社会主义新农村建设强有力的安全保障。

## 二、减灾防灾是农业可持续发展的必然要求

根据致灾因子的不同,农村灾害总体上包括自然灾害和人为灾害两大类型。灾害不仅造成巨大的经济损失,而且还严重地制约着我国农业的可持续发展,成为困扰我国农村经济乃至整个国民经济发展的巨大障碍。伴随着经济的高速增长,对我国农业乃至整个国民经济影响最大的,已不限于水、旱、虫等常规的自然灾害,而愈益呈现人为化趋势,如环境污染和生态破坏等,人为因素使农村灾害更加复杂化。其中,特别是生物多样性减少、森林锐减、土地荒漠化和水体污染等,是影响、制约农业可持续发展的主要灾害,也正是生物多样性减少、森林锐减、土地荒漠化、水体污染等,反过来又加剧了水、旱、虫等自然灾害。自然灾害与生态恶化互为因果,使恶性循环加速:生态环境的破坏,对自然灾害有诱发、催化作用,而且缩短了灾害发生的周期,加重了灾害的严重程度;反过来,连年不断的自然灾害又促使生态环境进一步恶化。这样,农业可持续发展的环境基础不断被破坏,严重制约了农业、农村经济的可持续发展。因此,减灾防灾就是要积极减少和防治农村灾害及其造成的损失,尤其注重减少、防治经济发展中因种种人为因素造成的灾害及其损失,实现农村经济与环境、资源、生态之间的良性循环和协调发展,促进农业的可持续发展。

## 三、减灾防灾是农民生存环境改善的迫切需求

我国是世界上受自然灾害影响最严重的国家之一,各种自然灾害频繁地威胁着农村的经济发展,危害农民赖以生产生活的环境,而且随着人口的增长和经济的发展,战略性资源约束日益强化,日益严重的生态危机以及人类自身对农村资源和农村环境的严重破坏,又

加大了农村灾害的发生频率,使得农村灾害与农村生态环境处于一种恶性循环之中。减灾防灾就是要通过技术创新和制度安排,减少人为因素引起的灾害,缩小其影响范围,降低其负面影响,同时通过各种防范措施,提高农民抗御农村灾害的能力,这将有助于人们在最大限度地获取生态、社会效益和经济效益的同时,更有效地帮助农民保护已有的劳动成果和改善农民的生存环境,谋求经济社会与环境、资源、生态的协调发展,维持并创造新的生态平衡。因此,减灾防灾既是减少农村灾害损失的现实需要,也是顺应农民对良好生存环境愿望的需求;既是党委、政府维护农民根本利益的重要体现,也是维护农村生产生活稳定的根本需要。

## 我国农村防灾减灾面临的突出困难和问题

### 一、自然灾害威胁严重

我国历来是自然灾害多发地区,随着人口的增长和经济发展对资源需求的增加,人地矛盾将继续加剧,城市与村镇建设必将向自然灾害多发地区扩展。另外,随着战略性资源约束的日益强化,森林和草地资源将继续呈下降之势,水土流失、土地沙漠化、水质污染等问题日益突出,加大了自然灾害的发生概率和严重程度。其中,村镇建设受到的自然灾害威胁尤其严重,对公共安全危机的应急能力不足。资料显示,我国因公共安全造成的 GDP 直接损失很高,因各种公共安全问题丧生的人较多。这暴露了公共事业发展、公共管理、政府协调能力等方面的不足,与城市相比,农村在公共事业发展、公共管理方面的缺口更大,问题更多。

### 二、经济发展水平制约了防灾减灾工作的开展

由于我国农村大部分地区生产力水平较低,科技、教育、卫生的整体水平还比较落后,资金短缺的情况比较严重,不能满足严峻的防

灾形势的要求和保障人民群众生命财产安全的需要,而经济落后地区往往又是自然灾害发生频率比较高的地区,灾害发生又引起或加剧了贫困,使这一矛盾更加突出。

### 三、建设监管力量没有覆盖到农村地区

目前,我国对农村的工程质量监管基本上处于空白阶段,这就使对农村的防灾减灾要求很难落实,从而对防灾规划和各种技术标准的执行也没有监管手段,防灾减灾工作的开展缺乏管理力量和依托。

### 四、防灾减灾意识有待提高

在农村地区,一些不利于减灾防灾的落后观念比较突出,如建设中讲面子、比排场、贪大求洋,在建筑高度和装饰装修上盲目攀比而不重视防灾减灾质量要求,以及一些封建迷信观念等。

# 关于农村防灾减灾对策

### 一、政府的主导作用

防灾减灾工作主要表现为社会效益,市场本身不能自发地调节防灾减灾工作中的利益关系,对农村地区的防灾减灾工作更需要由政府来主导:一是加大力度支持防灾减灾科学研究,通过科技进步,带动村镇建设防灾减灾水平的提高;二是编制和实施村庄与集镇防灾减灾规划,提高村镇的综合防灾减灾能力;三是构建公共安全保障体系,将消防、医疗等防灾减灾的关键环节更多地覆盖到广大农村地区;四是加强农村的建设监管力量,通过建设监管解决防灾减灾问题;五是组织力量,开展防灾减灾技术指导和技术服务。

### 二、将防灾减灾工作纳入村镇建设管理体系

防灾减灾是村镇建设管理工作的重要组成部分,要把村镇防灾

减灾工作纳入村镇建设管理体系,在规划、勘察、设计、施工等村镇建设的全过程和村镇工程的全生命周期中,重视防灾减灾工作,抓住重点,以点带面,因地制宜,讲求实效,为广大农民提供防灾减灾技术、管理服务。

### 三、加强村镇建设防灾减灾的具体措施

推动村庄与集镇防灾规划的编制、实施工作,编制与实施村镇规划是农村防灾减灾工作的第一个关口。

### 四、强化村镇抗震防灾工作

做好《房屋建筑抗震设防管理规定》的宣传落实工作,组织对部分地区抗震防灾管理现状进行调研,逐步建立完善农村建筑抗震防灾设计技术和管理工作体系;组织专家研究村镇抗震防灾技术对策,制定适合农村地区使用的技术标准;指导地震重点监视区开展对现有房屋抗震能力普查,在此基础上指导地震重点监视区开展现有房屋的抗震鉴定与加固。

在新农村建设中,应该将"防灾型社区"建设融入乡村建设规划,合理安排农村各项建设布局,与村庄建设同步规划、同步进行、同步发展,既保持农村良好的生态环境,避免对自然环境的人为破坏,减轻各类灾害对农村正常经济和社会生活的影响,又从根本上逐步改善农村防灾减灾基础设施条件,提高防灾减灾能力。在防灾减灾的规划中,必须严格按照消防、防洪、抗震防灾、防风、防疫和防地质灾害的要求进行统一部署。

# 有关抗震防灾技术问答

### (一)农村防灾减灾的工作目标是什么?

在农村开展防灾减灾工作,首先要确定今后一个时期的工作目标:防灾减灾意识明显提高;村庄与集镇防灾规划制定完成;针对农

村地区的减灾防灾技术标准体系比较健全;村镇建设的工程质量保证体系基本建立;在遭遇较小的自然灾害时,不发生人员伤亡,能够基本保障人民的生命财产安全和生产、生活秩序;在遭遇一般自然灾害时,能够最大限度地减少生命财产损失,很快恢复正常的生产、生活秩序;在遭遇较大的自然灾害时,有效地控制规模,确保不发生严重的次生灾害。

### (二)消防规划的原则是什么?

根据发展情况,按照《城市消防规划建设管理规定》的要求,采取"预防为主、防消结合"的方针,逐步提高消防水平。

### (三)各类用地的选址如何考虑消防安全?

居住区用地宜选择在生产区常年主导风向的上风或侧风向,生产区用地宜选择在村镇的一侧或边缘。打谷场和易燃、可燃材料堆场,宜布置在村庄的边缘并靠近水源的地方。打谷场的面积不宜大于 2 000 $m^2$,打谷场之间及其与建筑物的防火间距,不应小于 25 m。林区的村庄和企业、事业单位,距成片林边缘的防火安全距离,不宜小于 300 m。农贸市场不宜布置在影剧院、学校、医院、幼儿园等场所的主要出入口处和影响消防车通行的地段,且与化学危险品生产建筑的防火间距不小于 50 m。汽车、大型拖拉机车库宜集中布置,宜单独建在村庄的边缘。

### (四)村内消防车通道如何设计?

道路的修建应满足消防要求,合理设置消防通道,保证消防车快速通过,给消防扑救创造有利条件。规划要求新建各类建筑物充分考虑消防要求,保证一定的消防间距,配备必要的消防设施,现有建筑不合消防要求的应进行改造。

村庄内的消防车通道要尽可能利用交通道路,路面宽度不小于 3.5 m,转弯半径不小于 8 m,穿越门洞、管架、栈桥等障碍物净宽×净高不小于 4 m×4 m 时的道路即可作为消防车道。消防车道之间的距离不应超过 160 m,且应与其他公路相连通。

### (五)消防站怎样规划?

根据《城市消防规划建设管理规定》,消防站的布局应以接到报警 5 min 内消防车可达责任区边缘为原则,每个消防站责任区面积为 4 ~ 7 km²,结合集聚区总体规划的发展及布局,规划新建标准消防站 3 处,占地面积各 1 hm²。

各消防站的车辆及通信等器材应按《城镇消防站布局与技术装备标准》要求进行配置。

### (六)室外消火栓应如何规划?

村庄宜设置室外消火栓,室外消火栓沿道路设置,并宜靠近十字路口,其间距不宜大于 120 m,保护半径不大于 150 m,在重点建筑物前应适当提高消火栓密度。消火栓与房屋外墙的距离不宜小于 5 m,有困难时可适当减少,但不应小于 1.5 m。村庄各类建筑的设计和建造应符合《村镇建筑设计防火规范》(GBJ 39—90)的有关规定。

### (七)仓库如何考虑消防?

粮、棉、麻仓库宜单独建造,当与其他建筑毗连或库房面积超过 250 m² 时,应设防火墙分隔。

### (八)厂房建筑如何考虑消防?

厂房内有爆炸危险的生产部位,宜设在单层厂房靠外墙处或多层厂房的最上一层靠外墙处。有爆炸危险的厂房应设置泄压设施。

厂房安全出口不应少于两个。特殊条件下的可设一个。每层面积不超过 500 m² 时,可采用钢楼梯作为第二个安全出口,其倾斜度不宜大于 45°,踏步宽度不应小于 0.28 m。

厂房的疏散楼梯、门各自的总宽度和每层走道的净宽度,应按每百人 0.8 m 计算。但楼梯的最小净宽不宜小于 1.1 m,疏散门的最小净宽不宜小于 0.9 m,疏散走道净宽不宜小于 1.4 m。

### (九)牲畜棚如何考虑消防?

牲畜棚宜单独建造。当建筑面积超过 150 m² 时,应设非燃烧体实体墙分隔。牲畜棚应设直接对外出口,门应向外开启。铡草、饲料间及饲养员宿舍与牲畜棚相连时,应设防火墙分隔。

**(十)公共建筑如何考虑消防?**

公共建筑的安全出口数目不应少于两个,但符合下列条件之一的可设一个:一个房间的面积不超过 60 m²,且人数不超过 50 人;除托儿所、幼儿园、学校的教室外,位于走道尽端的房间,室内最远的一点到房门口的直线距离不超过 14 m,且人数不超过 80 人时,可设一个门,其净宽不应小于 1.4 m;除医院、托儿所、幼儿园、学校教学楼以外的二、三层公共建筑,当符合规定的条件时,可设一个疏散楼梯,其净宽不应小于 1.1 m。

**(十一)消防给水如何规划?**

无给水管网的村镇,其消防给水应充分利用江河、湖泊、堰塘、水渠等天然水源,并应设置通向水源地的消防车通道和可靠的取水设施。利用天然水源时,应保证枯水期最低水位和冬季消防用水的可靠性。

设有给水管网的村镇及其工厂、仓库、易燃和可燃材料堆场,宜设置室外消防给水。村镇的消防给水管网,其末端最小管径不应小于 100 mm。无天然水源或给水管网不能满足消防用水时,宜设置消防水池,寒冷地区的消防水池应采取防冻措施。

**(十二)社会主义新农村消防建设中存在哪些问题?**

(1)消防责任制落实不力。落后地区部分基层领导存在重经济发展轻安全的思想,对农村消防工作重视不够,没有把农村消防工作纳入政府或部门日常议事日程。一些基层干部特别是村级干部根本没有消防安全责任意识,加之缺乏安全责任追究制度,造成农村防火工作没人抓,安全工作形同虚设。

(2)消防基础设施建设投入不足。落后地区农村基础建设缺少规划,村庄建设零散,导致基础设施建设难度大,道路路况差,水源缺乏。

(3)消防宣传教育力度不够。从当前农村火灾形势分析来看,大部分是农民群众缺乏消防常识和消防安全意识造成的。农民群众防火观念不强,思想麻痹,缺乏应有的自觉性和警惕性。农村消防宣传工作形式单调。各地没有真正把消防宣传教育工作摆在重要位置,甚至个别单位无消防宣传教育工作计划,无固定的消防宣传教育阵地,加之宣传面过窄,形式单调,教育次数少,导致许多农民群众不懂消防法律法规和消防安全知识,违法、违章行为较为严重。

(4)基层派出所监管职能作用不强。部分基层派出所未能严格按照《消防法》规定履行自己的职责。很多派出所认为防火工作是消防部门的事,从思想上认识不足,没有将防火工作纳入派出所的日常管理工作中。消防监督工作是技术性、专业性要求都比较高的工作。在消防机构内部,要干好这项工作也须经过专业学习、长期实践才能胜任。而仅仅经过短期培训的派出所民警,由于工作紧张繁忙,加之任职不固定,面对各类繁杂的技术规范、专业知识,既无心也无力钻研,难以独立开展消防监督工作。

**(十三)加强社会主义新农村消防建设的对策**

(1)强化消防安全责任制。严格落实农村防火责任制,建立健全消防安全责任体系。各级政府要严格落实消防安全责任制。主要领导要带头履行消防安全职责,分管领导要具体抓,一级抓一级,层层抓落实,防止出现越到基层,消防工作越没人管的现象。各地要结合地区实际制定完善农村消防工作规章制度。各地要通过建立消防工作例会制度、防火安全检查制度、火灾隐患整改制度、消防宣传教育培训制度等多项规章制度,使农村消防工作有法可依、有章可循,从而有力地促进农村消防工作的顺利开展。各级政府要以责定位,把消防工作所取得的成果作为衡量各级政府全年工作成绩的重要指标。同时各级政府还要对各个阶段的火灾形势进行分析和总结,并研究制定改善措施。

(2)完善农村消防基础设施规划。抓住当前社会主义新农村城镇化和中心村建设的有利时机,将农村消防工作纳入各地农村发展规划,坚持"因地制宜、因陋就简"的原则,结合村镇建设规划,加强村镇消防规划和消防基础设施建设,将消防安全布局、防火间距、消防水源、消防通道、消防设施与村镇水利、通信、农电、道路建设与改造等农村公共基础设施建设结合起来。积极采取有效措施,在抓落实上下工夫。各地在消防工作发展规划中要对农村消防工作涉及的组织管理、村镇消防规划的制定、消防基础设施的建设及多种形式消防队伍的发展等工作提出明确要求,并确定发展目标。

(3)加强派出所建设,打造农村消防监管新亮点。消防部门要积极指导派出所抓好农村消防管理工作,指导帮助派出所制定和完善工作制度、职责、程序,建立必要的消防工作台账,加强对派出所消防民警的业务培训,全面提高派出所消防监督工作综合能力。落实派出所消防工作年终考评制度,将农村消防工作纳入派出所业务工作范围进行考核评比,切实发挥派出所全面掌握和熟悉农村情况的优势,及时发现和督促整改火灾隐患,不断改善农村的消防安全环境,落实防火措施,做到防患于未然。加大派出所消防执法力度,重点加大对农村小场所、小宾馆、小饭店、小商店和小作坊的消防安全检查力度,有效解决农村消防工作"失控漏管"的局面。

(4)加强消防宣传,打造农村消防宣传新看点。宣传内容不宜过深,根据农民群众普遍受教育程度不高的实际,把消防安全知识编成顺口溜、民俗谚语、儿歌等,易懂好记。加强农村学校学生的消防安全教育,使他们从小就得到消防安全知识的熏陶,掌握基本的消防知识。丰富消防宣传形式。通过在乡镇广播、乡村宣传栏刊播消防常识,发放宣传资料,设立咨询点等形式广泛宣传防火灭火、逃生自救基本常识,宣传农村防火工作的经验做法,介绍典型火灾案例,以提高广大农民群众的消防安全意识,增强广大农民群众预防火灾的自觉性、主动性。

## (十四)防洪规划的原则

全面规划,综合治理,左右岸、干支流、上下游兼顾,工程措施与非工程措施相结合,防洪与制涝相结合,分期实施的原则。

根据国家《防洪标准》(GB 50201—94)的相关规定,合理确定各河道的防洪标准。

采取以工程措施与植被措施相结合的综合治理措施,标本兼治。结合城市的绿地景观规划进行水土保持和植树造林,使绿地的点、线、面形成整体,提高植被覆盖率。

**(十五)防洪规划的具体内容是什么?**

(1)贯彻"全面规划、综合治理、防治结合、以防为主"的方针,因地制宜确定防洪除涝标准。防洪除涝采取工程措施与非工程措施相结合,水库整治与绿化、保护生态环境相结合。

(2)村庄规划了完整的雨水排放系统,充分利用村庄地形及建设区外围的水库,以保证村庄内部的雨水能够及时、顺畅地排出。

(3)加强竖向规划,道路应严格按规范设计,同时低于两侧建设用地,避免出现公路型路面。

(4)采用"挡"、"泄"、"蓄"等工程措施防御洪水。

(5)村庄防洪标准按 10 年一遇设计。

**(十六)防洪设施的规划**

位于蓄、滞洪区内的村庄,应根据防洪规划需要修建围村埝(保庄圩)、安全庄台、避水台等就地避洪安全设施,其位置应避开分洪口、主流顶冲和深水区,围村埝(保庄圩)比设计最高水位高 1.0~1.5 m,安全庄台、避水台比设计最高水位高 0.5~1.0 m。防洪规划应设置救援系统,包括应急疏散点、医疗救护、物资储备和报警装置等。

**(十七)农村地区的防洪标准**

以乡村为主的防护区(简称乡村防护区),根据其人口或耕地面积分为四个等级,各等级的防洪标准按表 9-1 的规定确定。

表 9-1　乡村防护区的等级和防洪标准

| 等级 | 防护区人口<br>(万人) | 防护区耕地面积<br>(万亩) | 防洪标准<br>〔重现期(年)〕 |
|---|---|---|---|
| I | ≥150 | ≥300 | 50~100 |
| II | 50~150 | 100~300 | 30~50 |
| III | 20~50 | 30~100 | 20~30 |
| IV | ≤20 | ≤30 | 10~20 |

## (十八)村庄选址如何考虑防风规划?

村庄选址时应避开与风向一致的谷口、山口等易形成风灾的地段。风灾较严重地区,要通过适当改造地形、种植密集型的防风林带等措施,对风进行遮挡或疏导风的走向,防止灾害性的风长驱直入。

## (十九)建筑群体布局如何做到防风?

在建筑群体布局时要相对紧凑,避免在村镇外围或空旷地区零星布置住宅,在迎风地段的建筑应力求体形简洁规整,建筑物的长边应与风向平行布置,避免有特别突出的高耸建筑耸立在低层建筑当中。

## (二十)风灾地区防风规划的规定

易形成台风灾害地区的村庄规划应符合下列规定:第一,滨海地区、岛屿应修建抵御风暴潮冲击的堤坝;第二,确保风后暴雨及时排出,应按国家和省、自治区、直辖市气象部门提供的年登陆台风最大降水量和日最大降水量,统一规划建设排水体系;第三,应建立台风预报信息网,配备医疗和救援设施。易形成风灾地区瓦屋面不得干铺干挂,屋面角部、檐口、电视天线、太阳能设施以及雨基、遮阳板、广告牌等突出构建要进行加固处理。

## (二十一)防震规划的必要性

社会主义新农村村庄建设规划研究调查显示,农民新建住房中90%以上均未进行抗震规范设计,施工质量不高、品位低,不仅浪费了大量人力、物力、财力,影响了环境,而且没有从长期性、根本性上改善农民居住条件。国家"十一五"规划已把农村的抗震工作列为重点发展工作,在今后的 10~20 年,农村的防震减灾工作将成为农村工作的一个重点。要构建和谐社会,实现全面小康,就必须把防震减灾作为国家公共安全的重要内容,动员全社会力量,进一步加强防震减灾能力建设。

## (二十二)新农村建设防震的要求

在新农村建设中,如何将防震减震工作纳入整个村镇规划、建设与管理中,已成为重要的问题之一。村庄位于地震基本烈度在 6 度及6度以上的地区应考虑抗震措施,设立避难场、避难通道,对建筑物进行抗震加固。

### (二十三)什么是防震避难场？对其设计有什么要求？

防震避难场指地震发生时临时疏散和搭建帐篷的空旷场地。广场、公园、绿地、运动场、打谷场等均可兼作疏散场地,疏散场服务半径不宜大于500 m,村庄的人均疏散场地不宜小于3 m²。

### (二十四)疏散通道及公建的防震设计要求是什么？

疏散通道用于震时疏散和震后救灾,应以现有的道路骨架网为基础,有条件的村庄还可以结合铁路、高速公路、港口码头等形成完善的疏散体系。对于公共工程、基础设施、中小学校舍、工业厂房等建筑工程和二层住宅,均应按照现行规范进行抗震设计,对于未经设计的民宅,应采取提高砌块和砌筑砂浆标号、设置钢筋混凝土构造柱和圈梁、墙体设置壁柱、墙体内配置水平钢筋或钢筋网片等方法加固。

### (二十五)哪些用地属于防灾区？

村庄规划中一般将村委会、医疗保健设施、商业、幼儿园、居民文化活动中心等用地划为重点防灾区,这些用地内或人流集中,或可实行救援功能,是地震防护的重点区域。要求在此区域兴建的建筑物在强烈的地震波下不受较大影响。

其他用地划为一般防震区,在整个规划区范围内的所有建筑设施都应符合当地防震设计等级。

### (二十六)灾期运送路线是什么？

灾期运送路线是生命救护线路和物资运输线路。生命救护线路是地震发生时,救援受伤人员并使之快速通畅地转移至救护场所,这就要求规划有畅通、有效的生命救援线路,来保证灾区人民迅速、安全地救护转移。物资运输线路是灾期时,为了将救援物资迅速、安全地运输到疏散救护场地以及重点防灾区,规划设置的通畅、便捷的物资救护线路。为提高生命线系统的抗震能力,各种管线的敷设应与人防建设相结合。

**（二十七）如何考虑村庄防疫？**

村庄布局要便于疫情发生时的防护和封闭隔离，过境交通不得穿越村庄，现状已穿越的应结合道路交通规划，尽早迁出，村庄对外出口不宜多于 3 个。村庄的村民中心、学校、幼儿园、敬老院等建筑在疫情发生时可作为隔离和救助用房，建设时与住宅建筑间距应在 4 m 以上。规模养殖项目应远离村庄或建在村庄外围，建在村庄外围的与村庄之间要有 10 m 以上的绿化隔离带。

**（二十八）村庄选址如何考虑防地质灾害？**

居民选址尽可能避开抗震不利地段，以防止地质灾害。抗震不利地段指软弱土、液化土，条状突出的山嘴、高耸的山丘、非岩质的陡坡，河岸及边缘，在平面分布上成因、岩性、状态明显不均匀的土层，如古河道、疏松断层破裂带、暗藏的沟塘和半挖半填的地基等。危险地段指可能产生滑坡、崩塌、地陷、泥石流及地震断裂带上可能发生的地表错位等地段。地质不良地段指冲沟、断层、岩溶等地段，这些地段地震时极易产生次生灾害。

# 第十章　村庄规划建设管理

　　村庄规划建设管理是村庄管理的一个重要组成部分,它主要涉及与村庄公共社会有关的各种工程建设管理。因此,凡是与村庄的布局、发展、改造和公共福利有关的工程建设事业都应当属于村庄规划建设管理的范围。具体来说,村庄规划建设管理是指各级政府、乡镇建设行政主管部门和村委会为了实现村庄规划和村庄建设目标,而对村庄建设活动所进行的决策、规划、指挥、协调、监督和服务等一系列综合性活动。

　　决策:为了达到一定目标,采用一定的科学方法和手段,从两个以上的方案中选择一个满意方案的分析判断过程。管理就是决策的过程。它是指管理者用现代科学的决策技术和方法,按照决策程序对村庄规划建设的发展方向、目标、规划、定位、规模等重大问题进行正确的选择、判断和决定,以保障村庄规划建设的顺利开展和建设目标的实现。

　　规划:根据决策所确定的村庄的性质、规模、发展方向和目标定位,有效地利用村庄土地,合理组织村庄的用地布局和各类公共服务设施建设,全面落实规划目标,村庄规划是村庄建设的法律依据和宏伟蓝图,也是管理的重要依据和技术手段。

　　指挥:乡镇规划建设行政主管部门和村委会,凭借国家机关赋予的行政权力,通过发布政令、指示、决议、规定、条例等方法,对村庄规划建设进行直接的指导和干预,保证既定目标的实现。

　　协调:协调是一项综合性管理职能,其目的是改善和调整各部门、各环节之间的关系,合理分工,使各项建设能够协调进行,以实现村庄规划目标,在村庄规划建设中协调工作分外重要,应根据村庄规划协调邻里住宅退让、基地标高统一、建筑立面形式整体协调等。

监督：根据村庄规划目标和标准，对照村庄规划和计划，对建设活动进行检查、衡量，确保其符合村庄规划以及乡村建设规划许可证的内容，如发现建设活动违背村庄规划或者乡村建设规划许可证的项目，应及时纠正，使活动按照原定计划实施。

服务：为申请建设项目的各企业、单位进行规划审批、资质审查、施工图审查、施工放线、验灰线、办理土地使用证、乡村规划建设许可证、图纸存档等服务工作。

# 村庄规划的编制与审批

结合《中华人民共和国城乡规划法解说》第二部分第二章第三十二款的规定：村庄规划应以行政村为单位，由所在地的镇或乡人民政府组织编制。村委会应指定人员参与村庄规划编制过程，并协助做好规划相关工作。

为了保证规划的可操作性，规划编制人员在进行现状调查、取得相关基础资料后，采取座谈、走访等多种方式，征求村民的意见。村庄规划应进行多方案比较并向村民公示。县级城乡规划行政主管部门应组织专家和相关部门对村庄规划方案进行技术审查。

根据我国现在实行的村民自治体制，村庄规划成果完成后，必须经村民会议或者村民代表会议讨论同意，方可由所在地的镇或者乡人民政府报县级人民政府审批。

# 乡村建设的规划许可和程序

结合《中华人民共和国城乡规划法解说》第二部分第三章第十四款的规定，根据《中华人民共和国城乡规划法》，在乡、村庄集体土地上的有关建设工程，应当办理乡村建设规划许可证。设置这项规划许可证制度，一是有利于保证有关的建设工程能够依据法定的乡规划和村庄规划；二是有利于为土地管理部门在乡、村庄规划区内行使权属管理职能提供必要的法律依据；三是有利于维护建设单位按照规划使用土地的合法权益。

建设单位或个人在乡、村庄规划区内进行乡镇企业、乡村公共设施和公益事业等建设活动，应当向所在乡、镇人民政府提出申请，由乡、镇人民政府进行审核后，报城市、县人民政府城乡规划主管部门核定发放乡村建设规划许可证。审核的主要内容是确认建设项目的性质、规模、位置和范围是否符合相关的乡规划和村庄规划；核定的主要内容是有关建设活动是否符合交通、环保、防灾、文物保护等方面的要求。建设单位或者个人在取得乡村建设规划许可证后，方可向城市、县人民政府土地管理部门申请办理用地审批手续。

从落实严格保护耕地的要求出发，《城乡规划法》明确规定，在乡、村庄规划区内进行乡镇企业、乡村公共设施和公益事业建设以及农村村民住宅建设，不得占用农用地。若确需占用农用地，有关单位或者个人则应当依据《土地管理法》的有关规定，在办理农用地转用审批手续后，再申请办理乡村建设规划许可。

在乡、村庄规划区内使用原有宅基地进行农村村民住宅建设的不涉及用地性质的调整，加之各地经济发展、社会、文化、自然等情况差异较大，农村住宅建设状况不尽相同，为方便村民，管理程序可以相对简单，为此《城乡规划法》规定，这类建设的具体管理办法由省、自治区、直辖市制定，以体现实事求是、因地制宜的原则。

# 村庄建设工程的设计管理

在村庄、集镇规划区内，凡建筑跨度、跨径或者高度超出规定范围的乡（镇）村企业、乡（镇）村公共设施和公益事业的建筑工程，以及二层（含二层）以上的住宅，必须由取得相应的设计资质证书的单位进行设计，或者选用通用设计、标准设计。

跨度、跨径和高度的限定，由省、自治区、直辖市人民政府或者其授权的部门规定。

建筑设计应当贯彻适用、经济、安全和美观的原则,符合国家和地方有关节约资源、抗御灾害的规定,保持地方特色和民族风格,并注意与周围环境相协调。

农村居民住宅设计应当符合紧凑、合理、卫生和安全的要求。

# 村庄建设工程的施工管理

承担村庄、集镇规划区内建筑工程施工任务的单位,必须具有相应的施工资质等级证书或者资质审查证书,并按照规定的经营范围承担施工任务。

在村庄、集镇规划区内从事建筑施工的个体工匠,除承担房屋修缮外,须按有关规定办理施工资质审批手续。

施工单位应当按照设计图纸施工。任何单位和个人不得擅自修改设计图纸;确需修改的,须经原设计单位同意,并出具变更设计通知单或图纸。

施工单位应当确保施工质量,按照有关技术规定施工,不得使用不符合工程质量要求的建筑材料和建筑构件。

乡(镇)村企业、乡(镇)村公共设施、公益事业等建设,在开工前,建设单位和个人应当向县级以上人民政府建设行政主管部门提出开工申请,经县级以上人民政府建设行政主管部门对设计、施工条件予以审查批准后,方可开工。

农村居民住宅建设开工的审批程序,由省、自治区、直辖市人民政府规定。

县级人民政府建设行政主管部门,应当对村庄、集镇建设的施工质量进行监督检查。村庄、集镇的建设工程竣工后,应当按照国家的有关规定,经有关部门竣工验收合格后,方可交付使用。

# 村委会在村庄建设管理中的主要任务

村庄建设管理,是指对村庄建设规划,新建工程的设计、审查、施工及原有公共设施的维护和管理,使村庄建设按规划健康有序地进行,适应村庄经济发展、物质和文化生活水平提高的需要。

村委会在村庄建设管理中的主要任务是:

(1)贯彻执行国家有关村庄建设的法规、方针、政策。

(2)组织本村区域建设规划的编制、报批与按规划实施。

(3)负责建筑管理,协助上级业务部门对建筑设计、施工质量等各项活动进行监督。

(4)组织和督促对村庄基础设施与村庄环境的维护管理。

(5)负责对村庄的环境保护工作,对各类污染进行防治,保护历史文化遗产。

(6)搞好村庄的环境绿化和环境卫生管理。

(7)负责本辖区违法、违章建筑管理。

# 村庄违法建设所应承担的法律责任

结合《中华人民共和国城乡规划法解说》第二部分第六章第八款的规定,乡村建设规划许可证是在乡、村庄规划区内进行乡村建设活动的法律凭证,未依法取得乡村建设规划许可证或者未按照乡村建设规划许可证的规定进行建设的,属违法建设。《城乡规划法》第四十一条规定,在乡、村庄规划区内进行乡镇企业、乡村公共设施和公益事业建设的,建设单位或者个人应当向乡、镇人民政府提出申请,由乡、镇人民政府报城市、县人民政府城乡规划主管部门核发乡村建设规划许可证。在乡、村庄规划区内进行乡镇企业、乡村公共设施和公益事业建设以及农村村民住宅建设,不得占用农用地;确需占用农用地的,应当在依照《土地管理法》的有关规定办理农用地转用审批手续后,由城市、县人民政府城乡规划主管部门核发乡村建设规划许可证。建设单位或者个人在取得乡村建设规划许可证后,方可办理用地审批手续。

《城乡规划法》第六十五条规定,在乡、村庄规划区内未依照《城乡规划法》取得乡村建设规划许可证或者未按照乡村建设规划许可证的规定进行建设的,由乡、镇人民政府责令停止建设、限期改正;预期不改正的,可以拆除。

**(一)责令停止建设**

城乡规划主管部门发现建设单位未取得乡村建设规划许可证或者违反乡村建设规划许可证的规定进行开发建设的,首先应立即发出停止违法建设活动通知书,责令其立即停止违法建设活动,防止违法建设给规划实施带来更多不利影响。

**(二)责令限期改正,并处罚款**

对责令停止的违法建设,还可以采取改正措施消除对规划实施的影响的,由城乡规划主管部门责令建设单位在规定的期限内采取改正措施。"责令改正"不属于行政处罚,而是行政机关在实施行政处罚时必须采取的行政措施。《行政处罚法》规定,行政机关实施行政处罚时,应当责令当事人改正或者限期改正违法行为。对于行政管理相对人实施的违法行为,行政机关应当追究其相应的法律责任,给予行政处罚,但不能简单地一罚了事,而应当要求当事人改正其违法行为,不允许其违法状态继续存在下去。"责令限期改正",指除要求违法行为人立即停止违法行为外,还必须限期采取改正措施,消除其违法行为造成的危害后果,恢复核发状态,即建设工程恢复到符合乡村建设规划许可证的规定。对于未取得乡村建设规划许可证而进行建设,但又符合详细规划要求的,建设单位应当按照《城乡规划法》的规定补办乡村建设规划许可证;对已经建成的应当予以改建,使其符合城乡规划;不能通过改建达到符合规划要求的,应当予以拆除。在"责令限期改正"的同时,并处建设工程造价 5% 以上 10% 以下的罚款。这里规定的作为罚款计算基数的工程造价,可以考虑以下规定:对未取得乡村建设规划许可证的为工程全部造价,对未按照乡村建设规划许可证的规定进行建设的为工程违规部分的造价。

### (三)限期拆除

违法建设无法采取改正措施消除对规划实施的影响的,由城乡规划主管部门通知有关当事人,在规定的期限内无条件拆除违法建筑物。

### (四)没收实物或者违法收入,可以并处罚款

对已形成的违法建筑,已无法采取措施消除对规划实施的影响,但又不宜拆除的,由城乡规划主管部门没收该违法建筑或者违法收入。城乡规划主管部门在没收违法建筑或者违法收入的同时,根据违法行为的具体情节,可以并处建设工程造价 10% 以下的罚款。

实施中违法建设的情况比较复杂,有的可以采取补救措施予以改正;有的需要全部拆除,有的需要部分拆除;有的改正或者拆除难度较大、社会成本较高,如何进行处罚需要综合考虑,既要严格执法,防止"以罚款代替没收或者拆除",又要从实际情况出发,区分不同情况。但对违法建设的处罚必须坚持让违法成本高,使违法者无利可图的原则,这样才能有效地遏制违法建设,保障城乡规划的顺利实施,为城镇的发展提供一个良好的建设环境与建设秩序。

# 村庄规划建设管理知识问答

### (一)村庄建设管理方法有哪些?

村庄建设管理方法是指各级政府和城镇建设行政主管部门执行管理职能和实现管理目标的手段与途径。主要有行政手段、经济手段、法律手段、宣传教育手段和技术服务手段。

(1)行政手段:指依靠行政组织,运用行政职能,按照行政方式来管理村庄建设活动的方法。具体做法有:研究拟定村庄建设的发展目标,编制村庄规划;研究拟定村庄建设的各项条例和制度;进行行政管理的组织和协调;对村庄建设活动进行监督,保证村庄规划的

实施和建设目标的实现。

（2）经济手段：指依靠经济组织，运用经济杠杆，按照客观经济规律的要求来管理村庄建设的方法。具体做法有：运用财政杠杆，对村庄不同设施的建设，实行财政补贴和扶持政策，如民营资本参与投资兴建公用事业，国家或地方财政给予一定的补助，以调动其建设的积极性；运用税收杠杆，即通过开征土地使用税、建设维护税等，为村庄公用设施筹集建设与维护资金；运用价格杠杆，如实行公用设施"有偿使用"和"有偿服务"，从中获取一定的收入，促进和加快村庄公用事业的发展。

（3）法律手段：指通过一系列的规范性文件，规定村民建设活动中的权利和义务，以及违反规定要承担的法律责任来管理村庄建设的方法。

（4）宣传教育手段：指在村庄建设活动中采取村民易于接受的方式，进行村庄建设的方针政策、法规、村庄规划、建设目标的展示宣传，以教育群众，实现公众的知情权和参与权，实现预定的村庄规划建设的目标的一种手段。

（5）技术服务手段：指规划建设行政主管部门，利用自身技术优势，无偿或低收费解决村民在城镇建设中所遇到的有关规划、建设、管理等方面问题的一种技术性手段。在村庄规划建设中，技术服务内容主要有：为村民宅基地及建筑放线、抄平、为建房户提供标准设计图纸、进行预概算和决算、施工质量检查、房屋竣工验收，以及管理村庄房产、环境、建设图纸文件档案等。

**（二）村庄规划建设管理法律有哪些？**

《中华人民共和国城乡规划法》（2007年10月28日第十届全国人民代表大会常务委员会第三十次会议通过），是我国城市和村镇规划、建设的根本大法。

**（三）村庄规划与管理行政法规和规章及规范性文件有哪些？**

村庄规划与管理行政法规和规章及规范性文件主要有：《村庄和集镇规划建设管理条例》（1993年6月29日国务院令第116号），

这一文件是村庄和集镇规划建设的综合性法规,对村庄集镇规划、设计施工、公用事业和环境卫生管理等作出了规定;《村镇规划编制办法》(2000 年 2 月 14 日建村[2000]36 号文),是村庄和乡镇规划的专项文件,对村庄和乡镇规划成果的组成、深度等提出了相应的技术要求。

### (四)村庄规划与管理技术标准、技术规范有哪些?

村庄规划与管理技术标准、技术规范主要有:《城市规划基本术语标准》(GB/T 50280—98)、《城市规划制图标准》(CJJ/T 97—2003)、《镇规划标准》(GB 50188—2007)。

### (五)工程建设与建筑业管理法规有哪些?

工程建设与建筑业管理法规主要有:《中华人民共和国城乡规划法》、《中华人民共和国建筑法》、《中华人民共和国合同法》、《中华人民共和国招标投标法》、《工程勘察设计管理条例》、《工程施工管理条例》、《工程验收管理条例》、《工程建筑标准定额管理条例》、《建筑工程监理管理条例》、《勘察设计单位资格等级管理条例》、《施工企业资质管理规定》和《建筑工程质量管理条例》。

### (六)村庄土地和房产管理法规有哪些?

村庄土地和房产管理法规主要有:《中华人民共和国土地管理法》、《中华人民共和国土地管理法实施条例》、《建设项目用地预审办法》、《房地产开发条例》、《城镇个人建造住宅管理办法》和《房屋接管验收标准》。

### (七)村庄环境保护法规有哪些?

村庄环境保护法规主要有:《中华人民共和国环境保护法》、《中华人民共和国噪声污染防治条例》、《工业企业噪声卫生标准》、《中华人民共和国水污染防治办法》、《中华人民共和国大气污染防治办法》、《中华人民共和国环境噪声污染防治条例》、《建设项目环境保护管理办法》和《国务院关于环境保护若干问题的决定》。

### (八)村庄建设行政管理与执法法规有哪些?

村庄建设行政管理与执法法规主要有:《关于进一步加强城建

管理监察工作的通知》、《城建监察规定》、《关于建立村镇建设统计年报的规定》、《建设行政执法监督检查办法》。

# 参 考 文 献

[1] 温和,周继伟,才大伟. 村镇绿地布局的研究[J]. 科技创新导报,2011 (10):5.

[2] 畅晓霞. 村庄绿化中存在的问题及对策[J]. 山西农业科学,2008,36(8): 84-85.

[3] 马井新,何金山. 乡村绿化树种选择与配置[J]. 山西农业科学,2011(4): 256-258.

[4] 笪红卫,郭静. 新农村村庄绿地规划研究[J]. 风景园林,2008,22(6): 127-129.

[5] 崔英伟. 村镇规划[M]. 北京:中国建材工业出版社,2010.

[6] 方明,邵爱云. 新农村建设[M]. 北京:中国建筑工业出版社,2006.

[7] 张泉. 村庄规划[M]. 北京:中国建筑工业出版社,2009.

[8] 刘焱,阮铮. 社会主义新农村规划与环境整治[M]. 北京:中国言实出版社, 2009.

[9] 北京土木建筑学会. 新农村建设[M]. 北京:中国电力出版社,2008.